재난에서 살아남기 2

4コマでわかる！おかあさんと子どものための 防災&非常時ごはんブック

4-KOMA DE WAKARU! OKAASAN TO KODOMO NO TAME NO BOUSAI & HIJYOUJI GOHAN BOOK

by Kaoru Kusano

Copyright © 2014 by Kaoru Kusano

Original Japanese edition published by Discover 21, Inc., Tokyo, Japan

Korean edition is published by

arrangement with Discover 21, Inc. through Korea Copyright Center Inc.

엄마와 아이가 함께 보는 안전 매뉴얼 만화

구사노 가오루 지음 | **기하라 미노루** 감수

고려대 글로벌일본연구원 사회재난·안전연구센터 기획 | **김영근·편용우** 옮김

재난에서
살아남기
2

이상

2011년 '3·11 동일본대지진' 이후 미증유의 복합적 재해 문제(대지진, 쓰나미, 원전사고)가 비단 일본만의 문제가 아니라 동아시아의 지역적 문제, 나아가 전 세계적인 이슈로 대두되고 있다. 우리나라 또한 4·16 세월호 재해라는 대형 재난을 경험하고 북핵문제, 테러, 메르스(MERS, 중동호흡기증후군) 의료재해 등 다양한 '위험'에 노출되어 있어 이에 대한 관심이 높아지고 있다. 한국이 처한 위기관리 및 재난(재해)학 구축을 위한 토대 마련이 시급한 상황이다.

　2014년 4·16 세월호 재해를 경험하면서 모두가 잊지 않겠다고, 바꾸겠다고 외치고 다짐했지만 과연 우리 사회는 어떤 변화의 노력을 기울였을까? 2015년에 한국 사회를 공포로 몰아넣었던 메르스 의료재해는 우리 자신들에게 재난에서 살아남을 수 있는 위기관리 선진국이 되기까지의 여정이 아직 멀었다는 답답함만을 안겨주었다. 메르스 의료재해는 위기관리를 제대로 못한 안전관리 시스템도 문제였지만, '나는 괜찮겠지'라는 개개인의 안일함이 도드라진 재해였다. 재해에 강한 사회를 만들기 위해서는 개개인이 사회의 안전 피라미드 구조를 제대로 이해하고 스스로 안전문화 구축을 위해 노력해야 한다.

잠시 일본을 돌아보자. 일본은 2011년 3·11 동일본대지진이라는 큰 재해 이후, 불과 5년 만에 다시 진도 M7.3의 구마모토(熊本) 지진과 맞닥뜨렸다. 구마모토 지진으로 인한 피해는 사망 49명, 실종 1명(주택 2만 5천여 채의 파괴 또는 반파)에 그쳤는데, 지진규모에 비하면 최소한의 피해였다. 4월 14일 1차 구마모토 지진이 발생하자 총리는 26분 만에 언론 인터뷰를 진행하며 국민 안심시키기에 나섰고, 이후 위기관리센터로 이동해 재난대응 전면에 직접 나서 발 빠르게 행동했다. 재해민들 역시 재해를 극복하려고 서로 돕고 인내하는 모습을 보여 피해 최소화에 큰 힘이 되었다. 이는 일본이 지금까지 축적해 온 현장경험(사례)과 복구·부흥·재생 모델(이론)이 자연스레 일반인에게 공유되는 학습과 교육의 결과물이라 할 수 있다.

고려대학교 글로벌일본연구원의 〈포스트 3·11과 인간 : 재난과 안전, 그리고 동아시아 연구팀〉은 3·11 동일본대지진 발생(2011년) 이후 학제적 연구회 활동을 통해 일본사회의 움직임을 정치·경제·사회·역사·사상·문화의 영역에서 지속적으로 추적해 왔다. 4·16 세월호 재해 발생 이후 연구팀을 확대·개편하여 설립한 〈사회재난·안전연구센터〉는 일본·미국 등 재해 선진국의 최신 연구 동향을 분석하고 소화하여 '한국형 재난학'을 구축하는 한편 연구 성과를 사회와 공유하기 위한 노력도 게을리 하지 않았다. 그러한 노력의 일환이 이 책을 포함한 사회재난 안전 매뉴얼의 출간이다.

대개 매뉴얼은 재해를 관리하는 입장에서 만들어지기 마련이다. 재해 발생 시에 각자가 담당해야 할 역할을 재해관리자가 정하는 것이다. 하지만 이런 매뉴얼에는 재해관리자가 재해를 당해서는 안 된다는 전제조건이 있다. 하지만 메르스 의료 재해에서 의료종사자들이 재해의 피해자가 되었듯이, 전 국가에 걸친 재해 상황에서는 누구나 피해자가 될 수도 있고, 누구나 관리자가 되어야만 한다. 따라서 피해자 입장에서 매뉴얼이 작성될 필요가 있는 것이다.

2015년에 번역·출판된《재난에서 살아남기 : 일본을 통해 배우는 재난안전 매뉴얼 만화》는 1995년 1월 17일의 한신아와지대지진(阪神·淡路大震災)과 2011년 3월 11일의 동일본대지진(東日本大震災)을 경험한 저자가 피해자 입장에서 생활 속의 재난안전 대책을 4컷짜리 만화로 쉽게 풀어낸 책이다. 철저히 피해자의 필요에 의해 작성된 매뉴얼, 게다가 전문적인 내용을 알기 쉬운 만화로 풀어낸 작가의 능력에 감탄하며《재난에서 살아남기》를 한국 사회에 소개하자, 안전사회 구축에 대한 요구와 맞물려 교육현장에서 큰 반향을 일으켰다. 그리고 이제 그 후속작을 번역하기에 이르렀다.

이번에 소개하는《재난에서 살아남기2 : 엄마와 아이가 함께 보는 안전 매뉴얼 만화》는 피해자의 입장을 엄마와 아이라는 사회적 약자에 초점을 맞추고 있다. 재해 상황에서 가장 소외되기 쉬운 계층을 위한 행동지침을 작성할 수 있었던 것도, 재해 상황을 경험했던 작가 자신이 두

아이의 엄마였기에 가능했다. 얼마 전 한국의 국민안전처에서 재난구호 물품에서 여성생리대를 제외한다는 뉴스가 있었다. 결국 세트지급품에서 개별구호품으로의 전환이 잘못 전해진 해프닝으로 끝났지만, 이러한 논의 자체가 존재한다는 것 역시 재해 관리가 소수의 관리자, 특히 남자 중심이라는 점을 환기시킨 사건이었다. 2014년에 발간된 이 책에도 비슷한 내용이 있어, 다시금 피해자 중심으로 모든 매뉴얼을 돌아봐야 할 필요성을 느낀다.

이 세상에 완벽한 재난안전 매뉴얼은 존재하지 않지만 그에 대한 지식이 있는 것과 없는 것은 큰 차이가 있다. 이 책을 통해 몸소 실천할 수 있는 생활밀착형 안전수칙을 습득해 나가길 바란다. 두 아이의 엄마이기도 한 작가가 자녀들의 학교안전교육 과정과 두 번의 대재해를 통해 얻어낸 지식과 경험들을 만화로 풀어냈지만 가벼운 그림체와 달리 무게가 있다. 어머니의 심정과 시선으로 아이를 지키기 위해 상상할 수 없는 부분까지도 상상하여 그려낸 '생활 속의 방재 대책'이자 안전핀(매뉴얼)이다. 이 책을 통해 독자는 비상시뿐만 아니라, 평상시에도 살아남기 위한 많은 지식을 몸에 익히고 상상력을 기를 수 있을 것으로 확신한다. 이 책이 안전 대한민국 구축의 밑거름이 되기를 기원한다.

고려대학교 글로벌일본연구원 사회재난·안전연구센터

김영근·편용우

2011년 3·11 동일본대지진이 발생한 다음날, 마트의 식품 코너는 텅비었습니다. 컵라면과 즉석식품은 물론 바로 먹을 수 있는 빵이 하나도 없는 상태였습니다. 고기, 채소, 물은 물론 보통 산처럼 쌓여 있었던 쌀도 찾아볼 수 없었습니다. 당시 우리 가족이 살고 있었던 곳은 아파트가 즐비한 도쿄 네리마(練馬)의 베드타운. 도호쿠(東北)의 진원지에서는 350킬로미터나 떨어져 있는 곳이었습니다.

주변에 대형 마트 2개가 있고 소매점과 편의점을 쉽게 찾아볼 수 있는 환경입니다. 설마 하루아침에 식료품이 사라질 줄은 꿈에도 생각하지 못했습니다. 당시 패닉에 빠진 사람들이 사재기를 했다는 이야기도 있었지만, 그것보다는 물류 시스템이 멈추고 물, 빵, 김밥 등이 재해지역에 우선적으로 제공되었기 때문이라고 합니다.

그 후 연료부족, 교통통제, 식품 공장의 피해, 원전 사고, 제한적 전기 공급 등의 영향으로 상당 기간 식료품을 손에 넣기가 쉽지 않았습니다. 하지만 비상시라고는 해도, 슬픔에 잠겨 있어도, 배는 고픕니다. 이 때 엄마의 밥과 김치뿐인 단출한 식사라도 이상할 정도로 힘이 납니다. 살아가고자 하는 희망이 생깁니다.

대지진, 대재해가 발생하면 우리들은 어떻게 될까? 기분이 복잡해지고 걱정이 끊이지 않습니다. 이 책의 그림, 만화에 담겨진 작은 지혜가 조금이라도 걱정거리를 덜어주고, 여러분에게 도움이 되었으면 좋겠습니다. 이 책이 한국에서 출판된다는 사실을 매우 기쁘게 생각합니다.

번역 및 출판을 위해 노력해주신 고려대학교 글로벌일본연구원 사회재난·안전연구센터의 선생님들과 도서출판 이상의 관계자분들에게 깊은 감사를 드립니다.

구사노 가오루(草野かおる)

손난로로 목숨을 구하다!

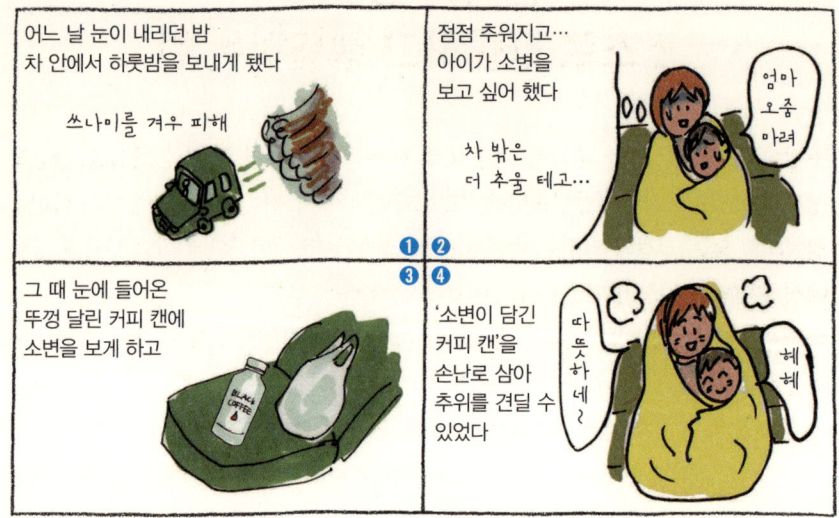

우연히 눈이 맞아 목숨을 구하는 경우도

만약의 경우에
스스로 판단하고 행동하는 힘

뚜껑이 있는 커피 캔을 '휴대용 화장실'로 사용하고, 나아가 '즉석 손난로'로 활용할 생각을 여러분은 할 수 있겠습니까? 또 쓰나미가 밀려오는 와중에 자동차를 버리고 일면식도 없는 사람의 집으로 피난할 수 있겠습니까? 어머니와 아이가 위급한 상황에서 살아남기 위한 임기응변을 보여주는 실제 사례입니다.

비상시에는 매뉴얼로는 대응할 수 없는 상황이 이어집니다. 실로 순간의 판단이 생사를 가를 수 있지요. 아이를 지키기 위한 어머니는 어떠한 경우에도 냉정하고, 때로는 상식을 버리고 기지를 발휘하여 위기를 극복해야 합니다. 그러기 위해서는 비상시 뿐 만아니라, 평상시에도 많은 지식을 몸에 익히고 상상력을 키워야 합니다. 사소한 지식과 기발한 아이디어가 자기 자신과 아이들의 목숨을 구할 수 있습니다.

위기일발

모르는 사람의 집이라도
급할 때는 뛰어들자.

열전도율이 높은
알루미늄 캔

따뜻따뜻

유연한 발상으로
캔 하나로 체온을 유지할 수 있다.

일본인 3명 중 1명이
재해를 당하는 시대

'트로프(trough)'는 수심 4000m급의 깊고 긴 골로 된 해저지형을 가리킵니다. 일본의 태평양 쪽으로는 남해 트로프가 있는데, 이 트로프에서 일본의 동남쪽 지역의 지진이 연동해서 일어남에 따라 거대한 쓰나미를 비롯해 분화에 의한 토석류(土石流)와 용암류, 화쇄류(火碎流), 원자력발전소 폭발 등의 피해가 일어나지는 않을까, 일본인들은 늘 불안에 떨고 있습니다.

진짜 남해 트로프 지진이 일어난다면 일본은 전국가적 위기에 빠지게 됩니다. 실제로 1707년에 남해 트로프에서 발생한 매그니튜드8.6 규모의 호에이(宝永) 지진 피해는 중부, 교토(京都) 부근 시코쿠(四国), 규슈(九州) 등의 넓은 지역에서 발생했습니다. 뒤이은 거대 쓰나미는 서일본 연안을 덮쳐 일본 시코쿠와 본토 사이의 세토나이카이(瀬戸內海)와 하치조(八丈) 섬까지 피해를 주었습니다. 그리고 지진발생 49일 후 후지산(富士山)이 분화했습니다.

지금 일본에서 어떤 일이 일어나도 전혀 이상하지 않습니다. 이러한 시대에 아이들을 가장 먼저 지켜야 하는 것이 '엄마'인 것입니다.

후지산 분화

원자력발전소

세계3위의 원자력 발전국

거대 쓰나미

길고 깊은 남해 트로프

제대로 준비한다면
살아남을 수 있다

지진이 일어나도

모두
무사하지!

옛날 사람들도
미리
준비했어

살아남은 사람은 많다!

'남해 트로프'는 대지진이 100~200년마다 발생하는 지진의 진원지입니다. 대지진이 발생하면 최악의 경우 사망자수가 32만 명에 달할 것으로 예상됩니다. 이는 2011년 동일본 대지진의 약 16배입니다.

약 300년 전의 호에이 지진 때도 거대 쓰나미가 발생하고, 2만 명으로 추산되는 사상자가 발생했습니다. 하지만 사상자가 1명도 없는 어촌도 있었습니다. '큰 지진 후에는 쓰나미가 온다. 바로 높은 지대인 산으로 도망가야 한다'는 사실을 마을사람 전원이 인식하고, 평상시에 준비했기 때문입니다.

지금보다 정보가 없던 시대에도 지진과 쓰나미에 대비했습니다. 우리도 평소에 대비하고 마음의 준비를 한다면 어떠한 재해가 닥쳐도 살아남을 수 있습니다!

여자는 약하지만
어머니는 강하다

믿음직스러운 군인장병들
하지만 그것은
비상사태일 경우

학교에서는
담임선생님에게
맡긴다고 해도

그것도
학교에서의 경우

가정에서는
엄마가 방재대장

아이는?
아빠는?
오늘 저녁 밥은?
어디서 자야 하지?

피해는 때와 장소를
가리지 않습니다
다른 사람만
믿어서는 위험합니다

아빠

엄마

두근두근

가족은 하나의 팀

아이들에게 엄마는 절대적 존재입니다. '죽고 사는 것은 엄마에게 달려 있다'고 해도
지나친 말이 아닙니다. 소중한 아이들의 목숨을 지키기 위해서라도 재해를 대비하는
'방재력(防災力)'이 엄마에게 필요합니다.

영유아에게 무엇이 필요할까? 안전하게 피난하기 위해서는 어떤 경로를 선택해야
할까? 지금은 재빨리 움직여야 할 타이밍인가, 아니면 침착하게 상태를 살필 때인
가? 화장실은? 밥은? 추위는?…. 아이들에게 확실하게 '어떻게 하면 좋을지'를 가르
쳐주는 것은 '엄마'입니다. 어느 누구도 도움을 주지 못합니다. 가족 단위로 견고한
'방재 팀'을 꾸립시다.

어떠한 경우에도
절대적인 존재, 엄마!

밝고 강한 엄마는 희망의 빛

갑작스런 재해에 맞닥뜨리면 장래에 대한 불안감이 커져만 갑니다. 주어진 현실과 이미 일어난 일은 바꿀 수는 없습니다. 바꿀 수 있는 것은 자신의 태도와 미래 뿐입니다. 집안 분위기가 어두우면 상황은 점점 나쁜 방향으로 흘러갑니다. 가장 영향 받기 쉬운 것은 아이들입니다. 슬퍼도 불안해도 힘차게, 때로는 주위와 협력해서 오늘 하루 살아간 것에 대해 감사해야 합니다.

차례

1. 꼭 알아두어야 할 재난안전 상식

2. 아이와 외출 중에 재난이 일어나면?

3. 아이와 떨어져 있을 때 재난이 일어나면?

4. 전철이나 차에서 재난이 일어나면?

5. 집에 있을 때 재난이 일어나면?

6. 대피소 생활 상식

7. 재난 시 비상식량 만들기

재난에서 살아남기 2

1

꼭 알아두어야 할
재난안전 상식

지진이다!
머리를 보호하자!

지진이 발생하면 '아이들과 함께 책상 밑으로 들어가 머리를 보호하자!'라는 것이 기본입니다만 밖에 있다면 어떻게 해야 할까요? 우선 안전한 장소로 이동해서 손에 들고 있는 것을 사용해 머리를 보호해야 합니다. 그림과 같이 머리를 보호하는 물건과 머리 사이에 공간을 만들어 손목을 안쪽으로 하여 낙하물의 충격으로부터 몸을 보호할 수 있습니다. 만약의 경우에 대비해 순간적으로 몸이 움직일 수 있도록 아이와 함께 연습해 봅시다.

가방 등

손목을
안쪽으로 한다

공간을 만든다

머리를 보호하는
두건

지진이다!
비상구와 발 안전을 확보

방문, 현관문을 열어 피난경로를 확보!

건물이 비틀어져 문이 열리지 않는 경우도

창문이 깨지거나 잡기가 떨어져서

❶❷
❸❹

바닥은 위험한 상태! 신발이 어디에 있는지도 알 수 없어요

건물이 비틀어지고 넘어진 가구 때문에 집에 갇혔다!

지진으로 집이 비틀어지고 방문이나 현관문이 열리지 않는 경우가 있습니다. 특히 아파트 등에 거주하는 경우, 출구가 좁기 때문에 피난 경로를 확보하는 것이 무엇보다 중요합니다. 평소에 현관과 방 출입문 주위를 치워두고 만약의 경우에 쌓아둔 짐 때문에 문이 열리지 않는 일이 일어나지 않도록 해야 합니다. 또한 유리 파편이나 떨어진 잡기로 어질어진 방안에서 발을 다치지 않도록 합시다. 발을 다치면 아이들을 데리고 피난 생활을 하기에 너무 불편합니다.

슬리퍼가 있으면 편리!

'쓰나미 피난 표지판'을
기억해두자

'쓰나미 주의'
쓰나미가 닥치는
위험한 장소

'쓰나미 피난 장소'
쓰나미로부터
안전한 대피소나
고지대

❶ ❷
❸ ❹

'쓰나미 대피 빌딩'
쓰나미로부터
안전한 피난 빌딩

피난 경로
지도를 보면서
확인을!

아이들과 함께 확인! 목숨을 지키는 '쓰나미 표지판'

1983년에 발생한 중부지진에서는 공사 중이던 인부, 낚시꾼, 소풍 온 아이들, 여행 중인 스위스인 등 약 100명이 쓰나미에 희생되었습니다. 자주 가는 해수욕장이라도, 익숙하지 않은 여행지라도, 쓰나미를 만날 가능성은 있습니다. 만약 외출한 곳에서 쓰나미 주의 표지판을 보거나 피난 경로 지도를 발견한다면, 그 장소에 있는 가족 전원이 피난 경로 지도를 숙지하는 습관을 들입시다. 시간은 단 5분도 걸리지 않습니다.

미국의 쓰나미 주의 표지판

경보, 주의보의 한계를
잊지 말자

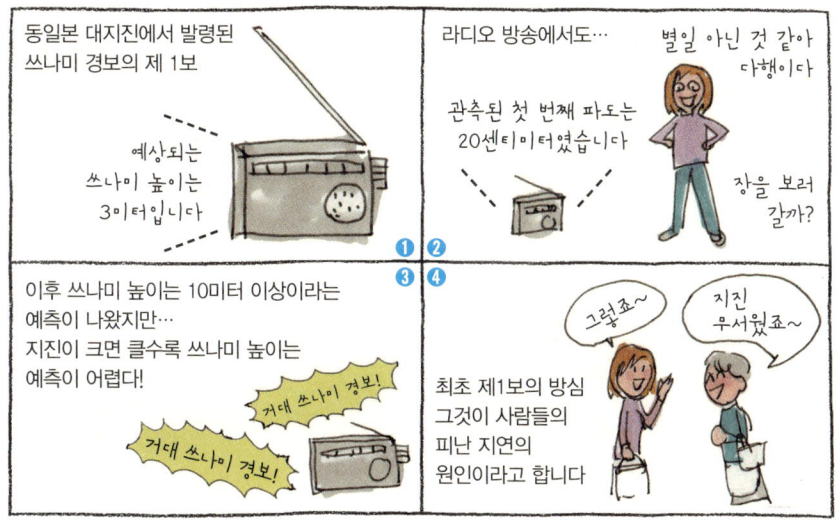

발빠른 행동이 목숨을 구한다

쓰나미 시뮬레이션 결과가 축적된 데이터를 바탕으로 지진발생 시에 쓰나미를 예측해 발표하는 것이 '쓰나미 경보'입니다. 진원이 일본에서 떨어져 있을수록, 크면 클수록 쓰나미 예측은 어렵고 틀리기 쉽습니다. 이처럼 경보에는 한계가 있습니다. 어린 아이와 함께 피난한다면 어른보다 2배의 시간이 걸립니다. 빨리빨리 피난해야겠지요. 만약 쓰나미 경보가 틀리면 '좋은 훈련이 됐다'고 생각하면 됩니다. '피난훈련'을 자주 하면 실제상황에서는 신속히 움직일 수 있습니다.

쓰나미 경보의 표현에
주의하자

쓰나미 경보 후에 반복되는 방송을 주의해 들읍시다.

예를 들어 '쓰나미는 예상 도착시간보다 빨리 도착하는 경우가 있습니다' '쓰나미 높이도 몇 배, 장소에 따라서는 몇 십 배나 높을 수 있습니다' '해안이나 강가에는 절대 나가지 말고, 신속히 고지대로 대피해 주십시오' 이는 쓰나미의 특징을 반영한 방송이므로 귀 기울여 들어야 합니다.

쓰나미를 피하기에
최적인 장소는?

대형 쓰나미 경보가 발령! 처음 가보는 장소이지만

어딘가 높은 곳으로 도망가야 할 텐데!

고지대에 있는 피난장소까지 도망가기에는 시간이 없네. 하지만 높은 빌딩이라면 있잖아!

①②
③④

아, 강물이 역류하고 있어요!

쓰나미의 첫 번째 파도가 오는 것이 빌딩에서 보이네

'고층 빌딩'과 '고지대', 어느 쪽이 더 쓰나미를 피하기에 최적의 장소일까요?

가장 좋은 곳은 해발이 높고, 안전한 곳이겠지만, 시간이 없을 경우에는 가장 빨리 피난할 수 있는 쪽으로 이동하세요. 비상시에는 공공기관 빌딩 이외에도 피난민을 받아주는 빌딩이 많이 있습니다. 가능한 한 빨리 가까운 '붕괴 위험이 없는 5층 이상 빌딩'으로 대피 합시다. 도쿄, 오사카 같은 대도시에서 쓰나미를 피하기 위해서는 고지대보다 고층빌딩으로 갈 수밖에 없습니다.

쓰나미는
반복됩니다

쓰나미는 멈춘 것일까

일단 가까운 곳에 있는
고층빌딩으로!

쓰나미는 반복해 밀려온다는 것을 기억해 둡시다. 피난한 장소에서 내려보고, 설령 쓰나미 높이가 낮아졌다고 안심해서는 안 됩니다. 쓰나미는 지형, 수심 등 복잡한 요인으로 위력이 증가해 거대 쓰나미로 변해 닥칠 수 있습니다. 또한 쓰나미가 다시 밀어닥칠 때까지 몇 시간이 걸릴 수도 있습니다. 특히 쓰나미가 반사되기 쉬운 지형의 해안 등은 주의해야 합니다. 실제로 도쿄만은 쓰나미가 장시간 계속되기 쉬운 특성의 지형입니다.

기상청이 발표하는 '예상되는 쓰나미 높이'는 해안선의 평균치입니다. 게다가 현재 쓰나미 높이 예측 기술이 정확하지 않아 예상치의 1/2~2배 정도로 실제 쓰나미가 일어납니다. 쓰나미 경보가 해제될 때까지 안전한 장소에서 피해 있읍시다.

게릴라 호우는
'일기예보 강우량'으로 경계하자

뉴스나 라디오를 통해 피해를 예측하자!

최근 집중호우와 큰비로 인한 피해, 산사태 피해가 빈번하게 발생하고 있습니다. 보도되는 재해 정보의 강우량은 어떠한 것인지 확실히 이해해 둡시다. 또한 자신이 살고 이는 지역, 아이의 보육원, 학교 주변, 통학로, 자신의 회사 주변의 수해 피해 위험도를 체크해둡시다. 정부의 홈페이지를 통해 알아볼 수도 있습니다. 호우가 아니라도 총 강우량이 100mm 이상이 되면 주의할 필요가 있습니다.

물의 힘은
상상을 초월합니다

수심 20cm 정도로

문은 열리지 않습니다

차가 침수되면 차를 버리고 바로 피난 눈 깜짝할 사이에 문이 열리지 않습니다

❶ ❷
❸ ❹

대수롭지 않은 수로나 맨홀도 위험한 함정이 됩니다

물이 고여 있네

열린 맨홀

수로

산이나 계곡의 토사가 흘러내리는 산사태는 자동차 속도와 비슷합니다!

순식간에 물의 흐름이 위험 수준으로

가슴 아픈 수해 소식이 최근에 자주 들려옵니다. 캠프에서 물놀이 사고, 논물을 보러 갔던 농민의 사고, 산사태 사고……. 모든 사고는 순식간에 사람들의 예상을 뛰어 넘 는 속도로 물이 덮쳐 피해를 입혔습니다. 피해를 당한 사람들은 '조금 전까지만 해도 괜찮았는데'라고 입을 모아 이야기하곤 합니다. 물의 유속이나 위력을 우습게보지 말아야 합니다. 호우와 태풍으로 물의 위험을 느꼈다면, 차와 집을 버리고 바로 피난 하세요! 아이들을 데리고 대피할 때는 어른보다 2배 이상의 시간이 걸립니다.

폭설로
라이프라인이 끊겼다면

폭설을 평소에 대비하고 제설작업은 제때 하자

폭설로 인해 고립 뿐 아니라 라이프라인이 끊길 수도 있습니다. 눈이 익숙하지 않은 지역일수록 폭설은 예상치 못한 큰 피해를 초래합니다. 날씨가 회복되어도 제설차가 부족해 복구까지는 시간이 많이 걸리는 경우도 있습니다. 그 동안 물류와 행정 서비스도 모두 마비된 상태입니다. 추위에 대한 대책이나 음식, 구급약, 충전기 등 일기예보에 귀를 기울이면서 가능한 한 준비해 둡시다. 또한 눈은 시간이 지날수록 딱딱하게 굳어버려 무거워지기 마련입니다. 제설도구가 없을 때에는 빗자루 등을 이용해 지나가는 길 만이라도 제설작업을 하도록 합시다.

자연재해뿐만 아니라
그 이상을 대비하세요

'국민보호정보'라고 알고 있습니까? 간단하게 말하자면 닥쳐오는 위험을 방재 무선 시설과 위성통신 등을 이용해 위험이 닥칠 지역에 사는 사람들에게 재빨리 통보하는 시스템입니다. 지진, 쓰나미, 돌개바람, 돌풍, 뇌우, 분화, 산사태, 홍수예보와 같은 자연재해뿐만 아니라 세계정세가 불안한 요즘 탄도 미사일로 인한 항공공격, 게릴라?특수부대 공격, 무장단체의 테러 등의 정보도 대상이 됩니다.

경보가 발령되면 재빨리 건물 안으로 대피하고, 텔레비전과 라디오를 통해 전달되는 많은 정보에 귀를 기울여 정보 수집을 합시다. 그리고 재빨리 스스로 할 수 있는 안전 확보를 최대한 하도록 합시다.

테러

돌개바람

탄도~ 미사일~

응?

이런 정보도?!

탄도 미사일

2

아이와 외출 중에
재난이 일어나면?

자주 가는 장소의 비상구, 알고 있습니까?

교외의 아파트 생활, 남편은 출근 오늘은 초등학생인 아들과 쇼핑	집에서 차로 20분 걸리는 쇼핑몰로
6층 선물 가게에서 물건을 사고	아동복 코너로 이동… 비상구? 신경 써본 적도 없네

오늘부터 비상구를 확인하는 습관을!

자주 가는 쇼핑몰의 화장실 위치는 알아도 '비상구', '비상계단'을 알고 있는 사람은 별로 없습니다. 비상구와 비상계단은 처음부터 잘 눈에 띄지 않게 만들어지는 경우가 많기 때문입니다. 평소에 자주 찾아가는 생활공간이라도, 처음 가는 장소라도, 만약을 대비해서 아이들과 함께 '비상구를 확인하는 습관'을 들입시다. 재해가 발생하고 나서 찾기 시작하면 늦습니다.

길을 잃으면 안 돼!

응

쇼핑 중에 지진 발생!
어떡하지?

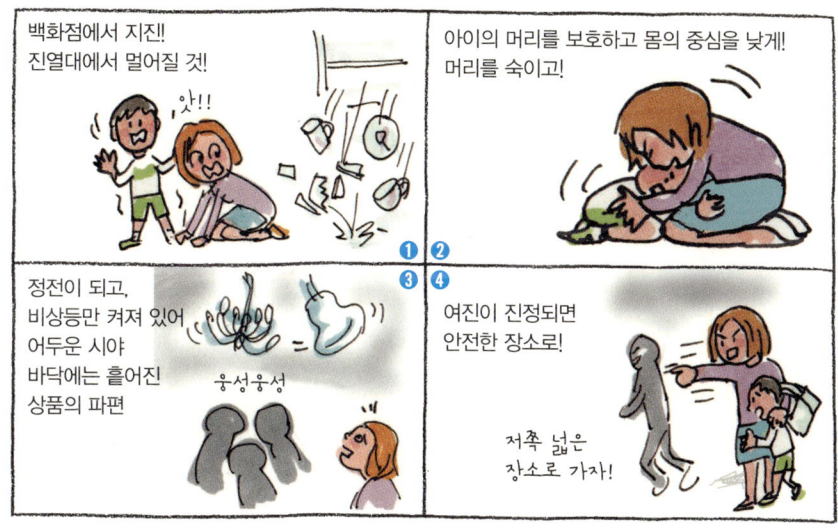

진열대에서 떨어져 안전을 확보한다

진열장이나 창문, 쇼윈도 옆을 피해 계단, 화장실, 엘리베이터 홀 등 비교적 안전한 장소로 이동합니다. 단 천장이 뚫려 있는 곳은 붕괴 등의 위험이 있으므로 피해야 합니다. 조명기구 등의 낙하물도 주의해야 하겠지요. 몸의 중심을 낮게 하고 넘어지지 않도록 조심히 이동합니다.

또한 어른들이 집단으로 움직이면 작은 아이들은 이리저리 부딪혀 넘어질 위험이 있습니다. 아이들과 떨어지지 않도록 침착하게 행동합시다. 1층 매장에 있어도 당황해서 밖으로 나가지 않도록 합시다. 건물 안에 있는 편이 안전한 경우가 있습니다.

고층 빌딩의 엘리베이터도 주의하세요

전 층의 버튼을 누르세요

동일본 대지진때에는 200건 정도 '엘레베이터 안에 갇히는 사고'가 발생했습니다. 일본의 엘리베이터는 지진을 감지하면 자동으로 가장 가까운 층에서 정지하도록 되어 있습니다. 하지만 자동정지 하지 않는 경우도 있습니다. 모든 버튼을 눌러 가능한 한 빨리 정지시키는 것이 중요합니다. 만일 갇히면 비상 호출 버튼을 눌러 서비스 회사와 통화해야 합니다. 엘리베이터 안쪽에 붙어 있는 엘리베이터 고유번호를 일러주고 구조를 부탁합니다. 또한 지진으로 인해 승객이 갇힐 경우를 고려해 엘리베이터 안에 음료수, 간이 화장실 등의 비축 상자를 놓아야 합니다.

쇼핑몰에서 이동할 때
주의할 점

많은 사람이 이동! 평소와는 다릅니다

지진에 의한 피해 중 쓰나미 정도로 위험한 것이 화재입니다. 재빨리 안전한 장소로 대피해야 합니다. 쇼핑몰처럼 많은 사람들이 계단으로 이동할 경우에는 유모차 자체가 매우 위험합니다. 만일에 대비해 유모차를 이용해 외출할 때에는 '아기띠'도 휴대하도록 합시다. 유모차를 가지고 가는 것이 위험하다고 판단될 때에는 현장에 두고 가는 과감함도 필요합니다.

주위 사람에게
도움을 청하면서 대피하세요

아이를 데리고 있을 때는 눈치를 보지 말자

아이와 함께 하는 대피는 어른 혼자일 때보다 2배 이상 더 힘들다고 각오해야 합니다. 비상시에는 눈치 볼 여유가 없습니다. 경우에 따라서는 도와줄 만한 사람에게 부탁할 필요가 있습니다. 어떤 도움을 받고 싶은지 구체적으로 전달합니다.

큰 건물에서는 방화 도어가 닫히면 항상 다니던 길이나 계단이라도 미로처럼 바뀝니다. 안전한 방향을 안내하는 유도등도 연기로 인해 잘 보이지 않습니다. 유독가스를 마시지 않도록 자세를 낮추고 침착히 대피합시다.

재해시 도로는
평상시와 달라요

재해가 발생하는 순간 길이 돌변합니다. 빌딩에서 떨어진 외벽이나 유리창 파편이 어지러이 널려 있고, 전신주와 가게 간판이 넘어질 수 있습니다. 길은 흔들림으로 인해 지하수와 섞여 구불구불해지고, 집에 못 간 사람들로 가득 차겠지요. 땅이 갈라진 곳도 생깁니다. 아이들은 당황하는 어른들에게 밀리고 넘어져 부모의 손을 놓칠 수도 있습니다.

먼지가 일고 건물 잔해가 널려진 길을 유모차와 함께 이동하기엔 너무 위험합니다. 역시 갓난아기는 업거나 안고 대피하도록 합시다. 단 유모차는 무거운 짐을 옮기거나 침대 대신 쓸 수 있으므로 비상시에는 활용도가 매우 높습니다. 가능하다면 대피소에도 가지고 가도록 합시다.

사람들로 넘쳐나는 도로

깨진 유리와 타일

'귀가 지원 스테이션'을
이용합시다

귀가 지원
스테이션 표시

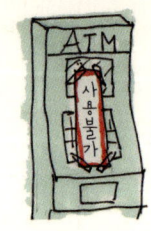

ATM은 사용불가

배터리는 간당간당

전철과 버스 등의 교통기관이 올스톱인 경우는 아이와 함께 걸어서 귀가할 수밖에 없습니다. 그럴 때 편의점이나 패밀리레스토랑이 '귀가 스테이션'이 됩니다. 재해시 귀가 지원 스테이션에서는 다음 3가지를 지원합니다.

① 수돗물 제공
② 화장실 이용
③ 지도를 이용한 도로정보, 라디오를 이용해 이용가능한 도로정보 제공

어린 아이는 생리현상을 참기 힘들어 합니다. 그럴 때에는 '귀가 지원 스테이션' 표시를 찾읍시다! 자주 쉬어가며 걷고, 수분 보충을 해야 합니다. 지쳤을 때는 사탕으로 당분을 보충하는 것도 좋습니다.

무리해서
귀가하지 말자

동일본 대지진 때에는 수도권에서 515만 명이 귀가하지 못했습니다

집이 먼 경우 교통수단이 확보될 때까지 기다리는 것도 한 방법입니다

❶❷
❸❹

사무실, 백화점, 영화관, 관청, 놀이공원

학교, 호텔 등도 임시 대피소로 이용할 수 있습니다

아이의 피로도 살펴야겠지요

일제히 귀가하는 것은 위험할 수도 있어요

지진과 재해 발생 후, 교통기관이 마비되면 도심을 중심으로 극심한 정체가 발생합니다. 실제로 재해 현장으로 출동하는 구급차나 순찰차 등의 긴급차량의 통행이 곤란한 경우도 많았습니다. 그러한 문제점을 직시한 도쿄도(東京都)에서는 일제히 귀가하는 사람들을 억제하기 위해 2013년에 '귀가 곤란자 대책 조례'를 실시했습니다. 지금은 비슷한 조례가 전국으로 확대되고 있습니다.

초등학교, 중학교, 고등학교는 보호자가 데리러 오지 못하거나 집에 돌아갈 수 없는 학생들을 보호하기 위한 임시 대피소로 변합니다. 학교에는 비상식량과 모포 등이 비축되어 있습니다.

3

아이와 떨어져 있을 때
재난이 일어나면?

엄마와 아이가
따로따로 집에 없을 때

'만약의 경우에는 내가 아이들을 지킨다!'고 생각하고 있더라도, 항상 아이 옆에 있을 수는 없는 노릇입니다. 엄마는 회사, 아이는 어린이집이나 학교, 아빠는 출장 중…… 바로 당신에게 일어날 수 있는 일입니다.

재난 시에는 아이와 떨어져 연락이 안 될 수도 있습니다. 아이가 어디에 있는지 GPS로 찾아보아도 배터리가 없거나 고장으로 확인이 안 되는 경우도 종종 있습니다. 그때 홀로 남겨진 아이는 어떻게 하면 좋을까요? 직장에 있는 엄마는 어떤 행동을 취하면 될까요? 그리고 평상시에 어떠한 부분을 아이와 함께 준비해 두어야 할까요? 아이도 '자신의 몸은 스스로 지킨다'는 생각을 가지고 판단하는 능력이 필요합니다.

어쩌지? 혼자 남았어

아이는 괜찮을까?
연락이 안 되잖아!

혼자 남겨진
아이의 시선 ①

학교에서, 학원에서 집까지 돌아갈 수 있을까?

일본은 부모가 아이들의 통학을 도와주는 서양과 달리 전철이나 버스를 이용해 학교나 학원에 다니는 아이들이 많은 나라입니다. 그만큼 치안이 좋다는 것을 의미하지만, 교통이 마비되는 재해 시에는 매우 위험합니다. 특히 등하교 길은 선생님이 없기 때문에 혼자서 상황에 대처해야만 합니다. 평상시에 혼자 남겨지는 아이의 시점으로 상상력을 발휘해 생각해봅시다.

혼자 남겨진
아이의 시선 ②

부모와 연락이 안 되고… 이럴 때는 어떻게?

엄마와 연락이 되지 않을 때에는 우선 '주위의 어른들이 하라는 대로 하고, 함부로 움직이지 말 것'이라고 아이들에게 말해 둡시다. 또한 역무원이나 경찰처럼 '믿을 수 있는 어른'을 구분하는 방법도 알려주세요.

어른에게 설명하기 쉬운 '프로필 카드'를 아이의 수첩에 넣어두는 것이 좋겠지요. 메모에는 주소, 이름, 학교명, 보호자 연락처, 등하교 역명, 알레르기나 병이 있다면 적어 둡시다. 아이의 핸드폰 전원이 꺼졌다고 해서 부모 핸드폰 번호를 알 수 없다면 큰일 납니다.

혼자 남겨진
아이의 시선 ③

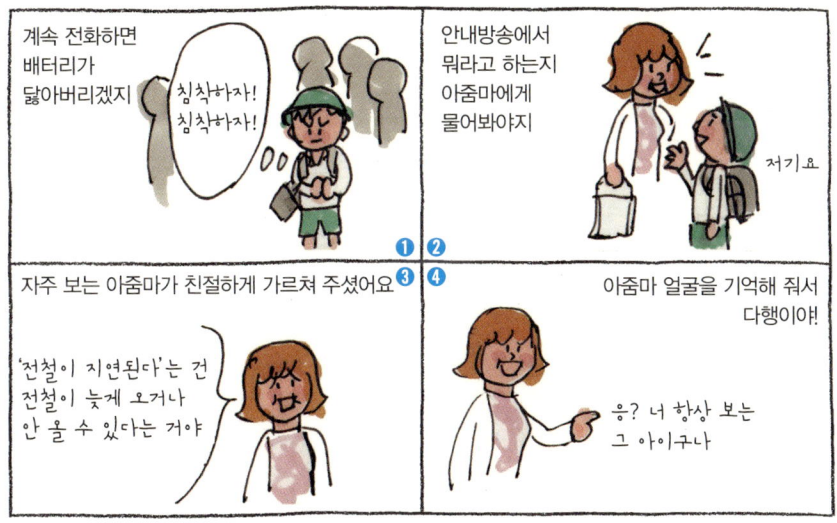

'항상 보는 사람'의 얼굴을 기억시키자

출퇴근과 등하교 시간대에는 매일 얼굴을 마주하는 사람이 많습니다. 기억력이 좋은 아이들은 자연스럽게 사람 얼굴을 기억하고 있습니다. 만약의 경우 그 어른에게 도움을 받는 방법을 가르쳐 둡시다. 평소에 부탁할 때의 예절을 가르쳐주는 것도 중요합니다. 자신의 몸을 지키기 위해서는 여러 수단을 사용해 도망가거나 정보를 얻거나, 때로는 보호를 받는 것도 필요합니다. 아이와 함께 여러 경우를 가정하여 생각해 봅시다. 무엇이 필요한지 무엇을 정해 놓아야 할지가 구체적으로 보일 것입니다.

아이와 연락 방법을
약속해두자

괜찮아!
엄마에게 연락할게

단축 다이얼로
할머니를 지정해 놔서
다행이야!

할머니에게 전화!

엄마에게 전화!

안부 확인!

아이가 혼자 있을 때 스스로 생각해서 연락할 수 있나요? 연락방법은 몇 가지 있지만, '재난 시에는 휴대폰 메시지와 171을 사용한다', '엄마와 아빠에게 전화가 안 될 때에는 할머니에게 전화한다'와 같이 아이와 함께 연락의 우선순위를 정해두는 것이 중요합니다.

특히 떨어져 사는 아이의 할머니나 외할머니를 연락담당으로 정해두면 좋습니다. 지진과 같은 대형 재해가 일어나면 피해지로 모든 전화가 집중되기 때문에 통신장애가 발생하기 쉽습니다. 하지만 재해지가 아닌 지역으로 거는 전화는 비교적 연결이 잘됩니다. 아이에게 '무슨 일이 생기면 할머니에게 전화하라'고 미리 일러두면 떨어져 사는 할머니나 외할머니에게 연락이 닿습니다.

일본의 재난 음성사서함 다이얼 171 ───

일본은 동일본 대지진의 통신불능 상태를 교훈 삼아 재해 시에 가족이나 친지끼리 안위를 확인하는 음성사서함 서비스를 시작했습니다. 어느 전화에서나 171번을 누르고 +1로 녹음, +2로 재생할 수 있습니다. 자신의 전화번호를 누르고 사용하는 매우 간단한 방법입니다.

엄마도 중요한 연락처는
수첩에 적어놓자!

연락처를 휴대폰에만 저장하는 것은 금물!

어린이집에 아이를 맡기고 종일 근무하는 엄마들도 많이 있습니다. 아이를 맡기고 전철을 타고 회사로 향하는 사람이 대부분이겠지요. 실제로 어린이집에 아이를 맡기고 찾는 일은 엄마가 하는 경우가 압도적으로 많습니다.

동일본 대지진 때에는 멈춰버린 전철 안에서 어린이집에 계속 전화를 하다가 휴대폰의 배터리가 다 닳아버리는 일이 있었습니다. 배터리가 없는 휴대폰에만 어린이집의 전화번호, 학원, 남편, 친구의 휴대폰 번호가 저장되어 있다면 아무한테도 연락할 수 없겠지요. 아이도 어른도 디지털 기술에 너무 의존하지 말고 수첩이나 메모지에 적어 갖고 다녀야 합니다.

지금 있는 장소에서
할 수 있는 일을 하세요

과감하게 회사에서 대피할 결단을!

큰 재난이 닥치면 교통은 마비되고 맙니다. 자동차 이용은 긴급차량 통행을 위해 제한됩니다. 또한 밤에 이동하는 것은 가로등도 꺼지고 여러 잔해들이 널려 있기 때문에 매우 위험합니다. 몇 시간이나 걸려서 귀가하기보다는 회사에 있는 편이 안전합니다.

재난 발생 시에는 구급차도 소방차도 못 오는 경우가 있지요. 회사원, 손님 등 그 자리에 있는 전원이 힘을 합쳐 극복해야 합니다. 비상용 음료수나 비상식량 외에도 비상약과 위생용품을 준비해두는 것도 잊어서는 안 되겠지요. 더욱이 일본에서는 일반회사도 일시 피난 장소로 지정되어 이재민을 수용하게 되어 있습니다.

도보로 귀가할 수 있는 준비는 평소에 해두자

재해 발생 다음 날, 아이가 걱정되어 귀가하기로 결심

평소에 준비해 두었던 '귀가 지원 세트'

❶ ❷
❸ ❹

임시 버스 등의 교통기관 정보도 조사해 둬야지!

도보로 몇 시간 걸리는지가 중요해요

여기는 걸어본 적이 없는데…

스스로 만드는 '비상용품 세트'

운동화, 지도, 나침반, 마스크, 목장갑, 우비, 모바일 충전기, 비상식량, 물 등을 회사에 준비해 둡시다. 수도권에서 발생하는 큰 재난으로 인해 전철이나 대중교통 수단은 장기간 운행이 중지됩니다. 귀가하기 위해서는 우선 관련 정보 수집을 충분히 해야 합니다. 차는 전면통행금지가 될 테니 걸어서 귀가하게 되겠지요. 건물 잔해가 널린 길을 오랫동안 걸을 것을 생각해 필요하다고 생각되는 물건을 준비해 두세요. 참고로 구두로 계속해서 걸을 수 있는 거리는 10킬로미터가 한계라고 합니다.

어린이집은 24시간
아이돌봄 서비스를 해요

아이가 안전한 장소에 있다는 것을 알았으면 믿고 맡기자

일본의 어린이집에서는 큰 재난이 발생하면 보호자가 찾으러 올 때까지 직원이 아이들을 맡게 되어 있습니다. 어린이집과 연락이 되었다면 우선 엄마 자신부터 자신의 상황을 각 시설에 연락하는 것이 중요합니다. 초등학교, 중학교, 고등학교에서도 부모들이 찾아오지 않거나 귀가가 곤란한 경우에는 아이들이 학교에서 그대로 기다리는 것이 가능합니다.

반드시 아이와
미리 약속해두자

아이와는 눈높이에 맞는 약속을

아이들에게는 최소한의 것을 확실하게 일러두는 것이 중요합니다. 미취학 아동이나 초등학교 저학년은 한 번에 많은 것을 기억하지 못합니다. 그렇기에 다음과 같은 최소한의 사항을 확실히 말해 둡시다.

* 자신의 몸은 스스로 지키자. 다치지 않도록 한다

* 쓰나미가 온다는 방송이 나오면 높은 장소나 높은 빌딩으로 피할 것

* 밤이 되어도 아무도 돌아오지 않는다면 ○○네 집에서 기다릴 것

* 집이 무너질 것 같다면 ○○초등학교로 가 있을 것

* 주변에 불이 나면 ○○놀이터로 도망갈 것

아이와 함께
'방재 지도'를 만들자

가족이 함께 '방재 지도'를 만들어보자

학교, 대피소, 구민회관
쓰나미가 왔을 때의 고지대

❶ ❷
❸ ❹

항상 뛰어노는 놀이터, 직장, 친척집

무너질 듯한
벽이나 담, 좁은 길,
꺼질 듯한 도로,
위험한 장소도 체크!

와~
흙탕물이
솟고 있어

가족 모두 모여 '방재 지도'를 만들어 봅시다. 구민회관이나 시청의 홈페이지에는 쓰나미 피난 대책, 쓰나미 피난 시설 일람, 해발 표시, 홍수위험지도, 침수위험지도, 산사태재해위험지도 등의 다양한 지도가 준비되어 있습니다. 한국에서는 생활안전지도(www.safemap.go.kr)에서 서비스를 제공하고 있습니다. 이러한 지도를 참고로 만들어 볼까요?

① 집 주변의 지도와 위험지도를 준비

② 우리 집과 대피소 위치를 모두가 확인! 표시를 하자!

③ 피난경로를 확인한다

④ 편의점, 급수대, 위험 장소 등도 확인하면서 즐겁게 체크!

⑤ 지도를 들고 실제로 걸어보자!

아이와 만날
장소를 정하자

집합장소는 최소한 2곳!

앞에서 만든 방재 지도를 기준으로 어디에서 집합할지 정해둡시다. 재난에 따라서는 무슨 일이 일어날지 알 수 없습니다. 만약 집합장소가 위험하게 될 수도 있으니까요. 동일본 대지진때에는 어린이집에 아이를 데리러 온 엄마와 아이가 서둘러 집으로 돌아가고 나서 쓰나미에 휩쓸려 희생된 사례가 있었습니다. 어린이집은 고지대에 있었기에 어린이집에 남아 있었다면 목숨을 부지할 수 있었습니다. 스스로 상황을 보고 판단하여 안전하다면 약속된 집합장소에서 기다리고, 위험하다면 대피해야 합니다. 재난안전에 정답은 없습니다. 집합장소에 집합하는 것이 목적이 아니라 살아남는 것이 가장 중요한 목표입니다! 살아 있어야 다시 만날 수 있습니다.

당황하지 말고,
침착하게 피난하자

재난은 어른, 아이, 장소, 시간에 상관없이 갑자기 닥칩니다. 어린아이도 어른도 조급해하지 말고 냉정하게 판단하고 상황에 맞게 행동하며, 정보를 모으는 것이 중요합니다. 재난이 발생하면 거리의 모습이 180도 바뀝니다. 따라서 피난할 때 패닉 상태에서 행동하는 것이 가장 위험합니다. 2차 피해를 입는 경우도 있지요. 우선 당황하지 않는 것이 중요합니다. 그리고 밤에는 쉬고 낮에 이동하는 것이 돌발상황에 잘 대처할 수 있습니다.

더욱이 다른 사람을 배려하는 것, 특히 자신보다 작은 어린이들을 걱정하고 도움을 줄 수 있다면 혼자서도 방재를 이겨나갈 수 있습니다. 만약 자신의 아이가 그렇다면 아낌없이 칭찬해 줍시다.

괜찮아~

6시간만 있으면
날이 밝을 거야

꾸벅꾸벅

피곤할 때는 충분한 휴식을

4

전철이나 차에서
재난이 일어나면?

아이와 전철에 있을 때 지진이 발생했어요

지하철은 비교적 안전하니 역무원의 지시에 따르세요

지하철을 타고 있을 때에 지진을 느꼈다면 바로 창문에서 떨어져 아이와 함께 중앙 부근의 손잡이를 꼭 잡고 다리에 힘을 주든가 머리를 숙이고 엎드립시다. 지하철은 화재와 가스, 침수가 없는 이상 비교적 안전합니다. 지하철 문은 비상용 핸들로 열 수 있지만, 갑자기 뛰쳐나가면 반대 차선의 차량 때문에 더욱 위험할 수 있습니다. 또한 노선에 따라서는 고압전선이 배선되어 있는 경우가 있기 때문에 주의해야 합니다.

아이와 전철에 있을 때
지진 발생, 쓰나미 경보 발령!

쓰나미 도달까지가 중요

대규모 지진이 발생한 경우 일본에서는 운행중인 전철은 '조기지진경보시스템'에 의해 비상브레이크가 작동하고, 모든 전철이 정지하고, 전노선 정전이 됩니다.

지하철에 있을 때 쓰나미는 두려운 재앙입니다. 쓰나미 경보가 발령되면 승무원은 승객들을 안전한 역으로 유도하게끔 되어 있습니다. 동일본 대지진때는 지진발생 후 쓰나미 도달까지 약 40분에서 1시간 정도 걸렸습니다. 지진이 발생하면 쓰나미 도달까지의 시간을 얼마나 유용하게 이용하여 피난하는지가 생사를 가릅니다. 지하철 터널 속에서는 비상구가 없습니다. 탈출하기 위해서는 역을 향해 가야만 합니다. 침착하고 신속하게 이동합시다.

지상까지 탈출할 때
주의할 점

출구를 향해 쇄도하는 군중이 가장 위험해요

재해가 발생하면 지하로부터 지상으로 탈출하려는 사람들이 출구와 계단으로 쇄도해 매우 위험합니다. 승무원의 지시에 따라 침착히 대피하는 것이 중요하지요. 패닉에 빠져 도미노처럼 모두 넘어지는 대참사가 벌어질 수 있습니다. 우선 아이의 손을 꼭 잡고 대피하도록 합시다. 유모차를 사용하는 엄마는 유모차를 버리고 대피합니다. 항상 아기띠를 휴대하도록 합시다. 만일의 경우에는 '업기'가 가장 안전합니다.

울며 유모차를 버리고 왔어요

운전 중에
지진이 일어나면?

'급브레이크'는 추돌사고의 원인!

운전 중에 큰 지진이 발생했을 때 당황해서 핸들에서 손을 놓거나 급브레이크를 밟는 행동은 매우 위험합니다. 핸들을 꼭 잡고 천천히 속도를 줄입시다. 비상등을 켜고 주위의 차에 주의를 주고, 안전 확인을 한 후 천천히 속도를 줄여 갓길에 차를 세웁시다.

이 주변은 쓰나미는
괜찮을 텐데…

정보를 모아
어떻게 할지 생각하자

일찍 귀가하고 싶은 마음은 굴뚝같지만 신호등이 고장 나 정체가 심한 도로, 가로등이 꺼져 컴컴한 길을 조급한 마음으로 이동하는 것은 위험합니다. 우선 정보를 모아 어떻게 할지 정합시다. 차를 이용한 대피는 지역에 따라 금지된 곳도 있습니다. 일본의 재해대책기본법은 재해가 발생한 지역에서 긴급통행차량 이외의 차는 운행이 제한되거나 통행금지 되는 경우가 있습니다. 구급·소방과 같은 구급활동을 원활히 하기 위해서입니다. 다음과 같은 사항에 주의합시다.

* 주차장이나 공터 등 차량 흐름에 방해되지 않는 곳에 주차합시다

* 어쩔 수 없이 차를 도로에 버려야 할 경우에는 열쇠를 꽂아둡시다

* 창문을 확실히 닫고, 귀중품은 차안에 놓지 말고 문을 잠그지 맙시다

* 차안에는 이름과 연락처를 적은 메모를 남겨놓고 자동차등록증은 챙깁시다

구멍에 빠졌어!

신호가 꺼져 있잖아!

집에서 기다릴 가족이 걱정!
빨리 돌아가야 할 텐데!

때로는 차를 대피소로
이용할 수 있어요

패밀리 레스토랑에서
식사는 안 했지만
화장실을 이용하고

주차장에
차를 대도록
허락을 받았어요

라디오에 의하면
교통 통제도 많고

곳곳에서
화재도
발생한 듯해요

❶❷
❸❹

도로의 함몰이나 붕괴,
고가의 붕괴, 화재 등

2차 재해를
입을 수도 있어요

오늘 밤은
집에 돌아가는 것을
포기하고 차안에서
딸과 함께
몸을 붙이고
밤을 지새웁니다

재해 직후의 밤에 운전하는 것은 금물!

편의점이나 주유소, 패밀리 레스토랑, 술집처럼 많은 일본 기업이 '재해시 귀가지원 스테이션'을 위해 협력하고 있습니다. '재해시 귀가지원 스테이션'에서는 재난 정보, 수돗물, 화장실을 제공하고 있습니다. 따라서 화장실에 가고 싶어 하는 아이들이 있을 때는 특히 고마운 시설입니다. 만약의 경우를 대비해 차안에는 물과 비상식량, 구급상자, 상비약, 모포 침낭을 준비해두면 좋습니다. 또한 작은 기중기를 싣고 다닌다면 구조작업에 도움이 되겠지요.

폭설로
차가 고립되었어요!

차 안에 비상용 모포를 준비해두자

폭설로 인한 비극적인 뉴스를 듣고 충격 받은 사람들이 많습니다. 실제로 눈이 많이 내리지 않는 지역에서는 특히 많은 차량들이 고립되곤 합니다. 지역에 따라 눈에 대한 대비가 전혀 다릅니다. 눈이 많은 지역에서는 제설차, 융설(눈을 녹이는) 장치, 신호의 설치 방법까지 준비되어 있습니다. 하지만 눈이 적은 지역에서는 당연히 그런 대비가 되어 있지 않아 많은 혼란을 초래합니다. 또한 운전자 역시 폭설에 대한 대비가 허술하여 혼란은 가중되지요. 만약 차 안에서 하룻밤을 보내야 할 경우에는 엔진을 끄고 모포를 두르고 휴식을 취하거나 가까운 민가나 긴급대피소로 대피하는 것이 좋습니다.

폭설로 차가 고립되었을 때
'내기 순환'은 금물!

자주 눈을 치워 목숨을 구하자

눈보라로 인해 고립된 차안에서 부모와 아이가 일산화탄소 중독으로 사망했습니다. 눈이 많이 내리는 홋카이도 지역에서 일어난 슬픈 사고입니다. 왜 이런 일이 일어났을까요? 폭설에 의한 정체나 시계불량으로 예정에 없던 도로나 주차장에서 긴 시간을 보내기도 합니다. 시동을 걸어 난방을 하고 있는 사이에도 차 밖은 눈이 계속 쌓여갑니다. 머플러가 눈에 묻히고, 차 밑은 배기가스로 가득 찹니다. 그리고 차안으로 스며들게 되지요. 어쩔 수 없이 시동을 켜둘 때는 '머플러 주변', '외기 투입구'의 눈을 자주 치워야 합니다.

눈길 운전의
필수 아이템

체인이나 스터드리스(stud-less) 타이어 등 눈길에 맞는 장비를 구비합시다

장갑, 장화, 앞 유리와 열쇠구멍이 얼었을 때를 대비한 해빙제

❶ ❷
❸ ❹

타이어가 헛돌 때를 대비한 탈출용 모래 제설도구

모래주머니

고립되었을 때를 대비한 방한구 식량과 음료수

눈이 많은 지방의 상식, 알고 있나요?

대설 지방에 사는 사람이라도 '눈길은 항상 긴장된다'고 합니다. 눈길을 운전해야 할 경우에는 최소한의 장비를 준비한 뒤에 기름을 가득 채우고 여유 있게 출발하도록 합시다. 야외에 주차할 때에는 와이퍼를 세워 두는 것도 잊지 맙시다. 이는 눈의 무게로 와이퍼가 파손되거나 추위로 인해 고무가 유리에 달라붙는 것을 방지하기 위함입니다. 배터리와 휴대폰 충전기도 챙기는 것을 잊지 마세요.

와이퍼를 세워두자!

5

집에 있을 때
재난이 일어나면?

집안의 안전은
스스로 지키자

한신아와지(阪神淡路) 대지진 때에는 가구에 깔려 죽거나 다친 아이가 많았습니다

침실이나 아이 방에는 가구를 두지 말고 카펫 위에 키 높은 가구를 놓지 맙시다

안심하고 자고 싶어요

❶❷
❸❹

문열림 방지 장치, 유리 파편을 막아주는 비산방지필름 조명의 고정이나 방염 커튼 등

대피로를 확보하기 위해 출입구와 복도에는 물건을 놓으면 안 됩니다

문이 안 열려

가구는 반드시 넘어진다

진도7을 기록한 한신아와지 대지진에서는 사망자의 10% 정도인 약 600명이 '실내 가구에 의한 압사'로 추정된다는 조사결과가 있습니다. 집안의 안전은 스스로 지켜야 합니다. 지금 바로 집안을 살펴봅시다.

가구 이외에도 창문, 조명, 텔레비전, 컴퓨터, 피아노, 전자레인지, 냉장고, 식기, 수조, 유리 제품 등 넘어지거나 떨어지면 위험한 물건이 가득합니다. 또한 지진과 같은 재해 상황뿐만 아니라 어린이가 서랍장에 매달려 놀다가 넘어지는 바람에 깔릴 수도 있으므로 주의해야 합니다.

지진 직후에는
집 안팎을 점검하자

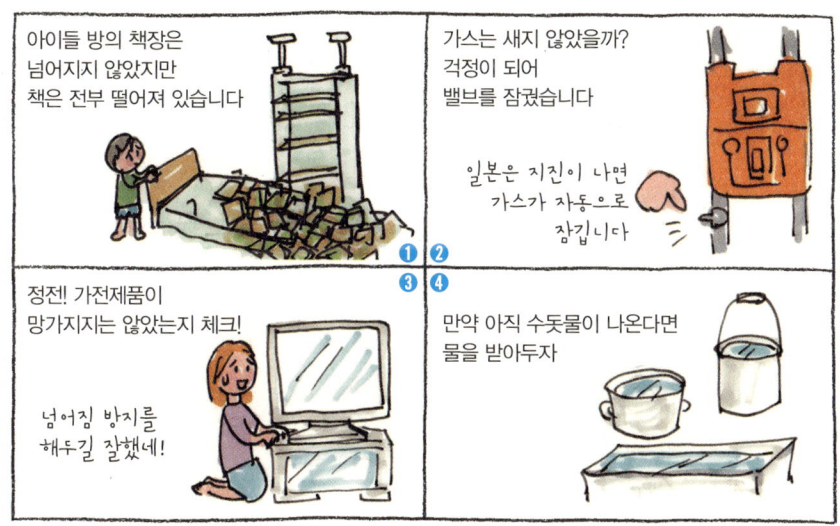

아이들 방의 책장은
넘어지지 않았지만
책은 전부 떨어져 있습니다

가스는 새지 않았을까?
걱정이 되어
밸브를 잠갔습니다

일본은 지진이 나면
가스가 자동으로
잠깁니다

❶❷
❸❹

정전! 가전제품이
망가지지는 않았는지 체크!

넘어짐 방지를
해두길 잘했네!

만약 아직 수돗물이 나온다면
물을 받아두자

안전한 방을 스스로 확보하자

평상시에 가전제품 옆에는 수조나 화병 등 물이 들어 있는 물건은 두지 않도록 합시다. 지진으로 인해 넘어져서 콘센트에 물이 들어가면 불이 날 염려가 있습니다. 가스는 지진을 감지하면 자동으로 잠깁니다. 여진에 대비해 가스 밸브는 잠가두도록 합시다. 평소에 각 제품의 특성과 사용법을 숙지해둬야 합니다.

정전이 되면
누전차단기도 내려놓읍시다

부엌에서 요리 중에 지진이 일어나면?

부엌에서 딸과 요리를 하고 있었는데

맛있겠다~

❶❷

지진이 발생했습니다

지진?

덜컹덜컹덜컹...

❸❹

급히 거실로 대피!

저쪽으로 피하자

아이의 머리를 보호하고 몸을 움츠렸어요
부엌에서는 큰 소리가!!

쿵쿵!!

부엌은 위험한 물건이 가득합니다

옛날에는 '지진이다! 불을 끄자'라는 표어가 있었지만 지금은 '자신의 안전 확보'가
최우선입니다. 일본에서 가스는 안전 센서가 있어 지진이 발생하면 자동으로 잠깁니
다. 우리나라에서는 가스를 사용중이라면 바로 끄도록 합시다. 그리고 침착하게 밸
브를 잠급니다. 또한 한신아와지 대지진의 경우 냉장고, 전자레
인지 등이 날아다녔습니다. 우선 부엌에서 대피해 아이의 머리,
자신의 머리를 보호하는 것이 최우선입니다.

당황하지 않으면
피해는 줄일 수 있어요

지진에 의한 직접적인 피해가 없더라도 진동에 놀라 다치는 경우가 의외로 많습니다. 또한 방안에는 여러 물건들이 떨어져 있을 것입니다. 계단에서 발을 헛딛거나 대피하다가 넘어지고, 깨진 유리에 발을 다치고… 패닉 상태에서 2층에서 뛰어내리는 사고도 있었습니다. 특히 노인들은 넘어져서 뼈가 부러지거나 병상 신세를 지는 경우도 있습니다.

바로 대피를 할 수 있도록 아이용, 아빠용처럼 가족 전원의 '비상용 가방'을 준비해 둡시다.

또한 아이용과 여성용 물품은 지원물자가 도착할 때까지 시간이 걸리기도 하고, 평소에 배급되는 것도 아닙니다. 아기띠나 종이기저귀, 분유, 생리용품, 화장수 등은 스스로 준비하는 것이 철칙입니다.

어어

가지고 왔어요

당황해서 움직이면
넘어집니다

비상용 가방을 준비

바닥에는 위험한 물건이 가득

비상용 가방을 준비하자!

비상식량

물

비닐봉투

신분증 케이스

손수건, 보자기

수동식 충전기

화장지

의약품

속옷

핸드폰

BANK

귀중품,
보험증,
현금

안경

가족에 따라
필요한 것이 다릅니다

생리대

분유, 물, 젖병

아기가 있는 가정은
종이기저귀

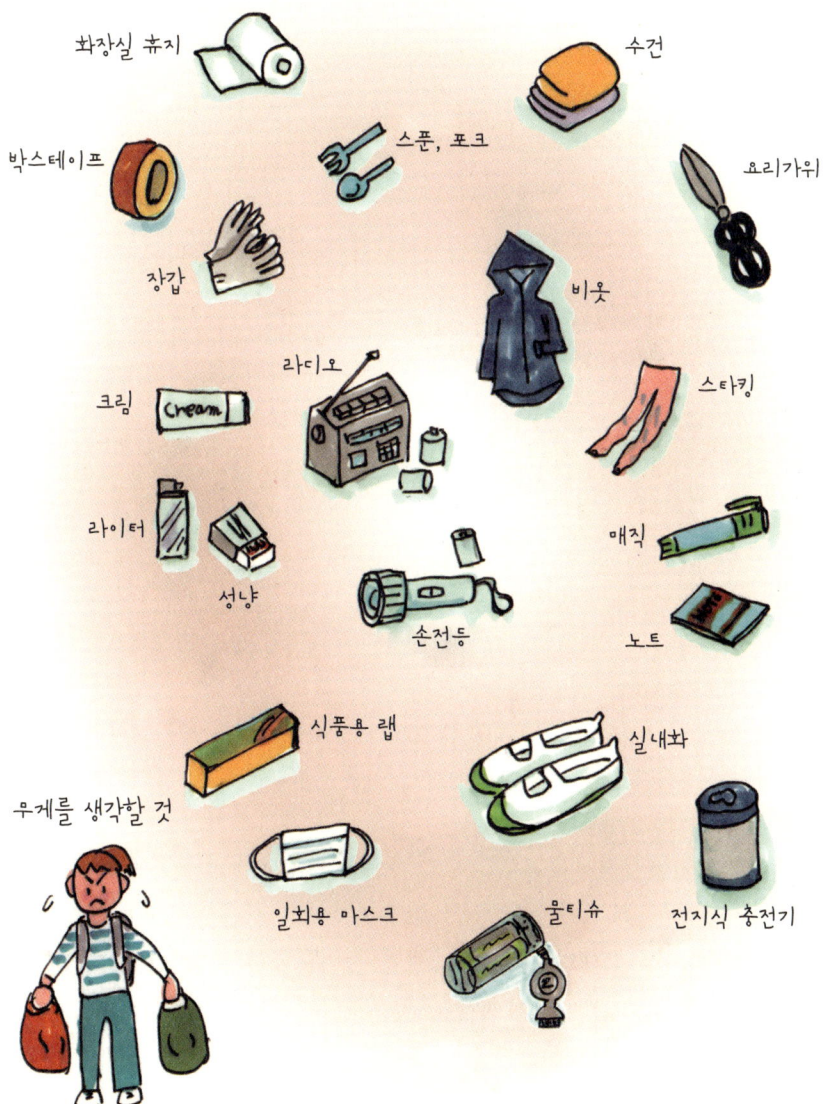

화장실 휴지

수건

박스테이프

스푼, 포크

요리가위

장갑

비옷

라디오

스타킹

크림 Cream

라이터

매직

성냥

손전등

노트

식품용 랩

실내화

무게를 생각할 것

일회용 마스크

물티슈

전지식 충전기

반파된 집에
갇혔어요!

큰 소리를 내기 힘들 때는 금속을 이용하자

지진 발생 시에 가장 무서운 것은 낡은 집의 붕괴입니다. 내진 설계가 되지 않은 집은 한 번에 무너지는 일도 있습니다. 반파된 집에서 무리하게 탈출하다가 남은 부분까지 무너져 다치는 경우가 있으니 주의해야 합니다. 주변에 있는 금속, 단단한 것을 사용해 소리를 내서 자신의 존재를 알립시다. 큰소리를 지르면 체력을 소모하기 때문에 최후의 수단으로 남겨둬야 합니다. 또한 대피할 때는 누전차단기를 내려놓아야 합니다. 그리고 낡은 집이라면 내진성을 미리 조사해 둡시다. 일본에서는 행정기관에서 진단을 위한 보조금을 지급하기도 합니다.

이웃과의 교류가
목숨을 구해줍니다

공조(共助)는 이웃과 지역의 안전을 위해 서로 도움을 주고받는 것입니다. 한신아와지 대지진 때에는 이웃들이 소형기중기나 지렛대를 이용해 붕괴된 가옥에서 이재민을 구한 사례가 많았습니다. 많은 사람들이 건물잔해에 갇혀 사투를 벌이는 구조 초기에는 주위 사람에게 의존할 수밖에 없습니다.

재난이 발생하면 가족의 무사를 먼저 확인하고 안심이 된다면 주위에 힘든 사람들, 고립되어 있는 사람을 둘러보고 경우에 따라서는 같이 대피합니다. 또한 자택 이외의 장소로 대피할 때에는 집에 종이를 붙여두도록 합시다.

다른 사람 집에 있을 때에는
종이에 메모를

살아 있어서 다행이다!

이웃집을 도우러~

언제라도 대피할 수 있도록 충분한 잠을 자자

여진이 계속되는 지진 당일 가구가 없는 방에서

거실을 정리하고

비상용 가방과 손전등, 운동화를 머리맡에 두고

아이를 사이에 두고 일찍 잠자리에 들었지만

좀처럼 잠이 오지 않네요

❶ ❷
❸ ❹

아이도 자신도 냉정을 되찾아야 합니다

가족 전원이 잠들지 못해도, 몸은 쉴 수 있도록 합시다. 대지진이 있는 당일은 흥분과 불안으로 좀처럼 잠이 오지 않습니다. 그럴 때에는 무리해서 자려고 하면 오히려 역효과가 있습니다. 아이도 마찬가지지요. 일상과는 다른 분위기와 긴장감으로 잠들지 못하는 아이가 많습니다. 그럴 때에는 책을 읽어주면서 안정을 되찾아 줍시다. 잠옷으로 갈아입히지 말고 언제라도 대피할 수 있는 옷을 입고 자도록 합시다.

옛날에는 전기도 없었어!

네~

족욕으로
피로를 풀자

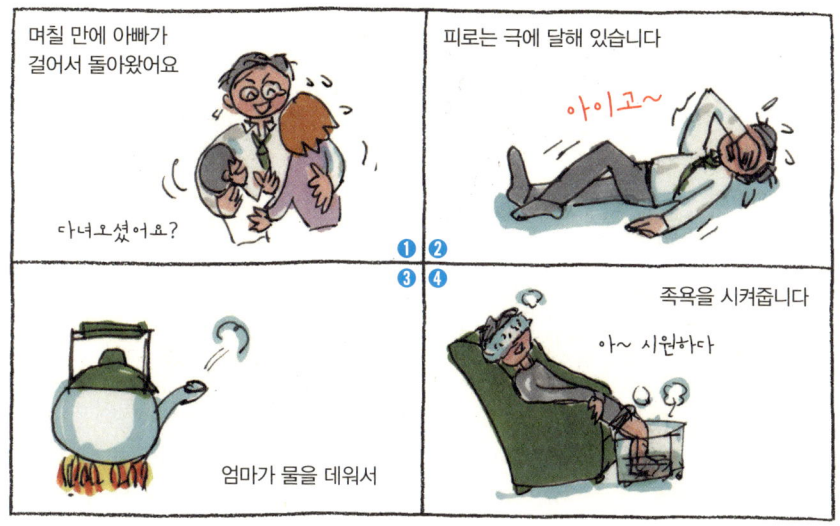

양동이로 간단하게 만드는 족욕법

아이도 어른도 목욕이나 샤워를 못하면 힘이 들기 마련입니다. 양발이 들어갈 크기의 양동이, 세숫대야 등을 이용해서 족욕탕을 만들어봅시다. 물도 연료도 귀중한 시점입니다. 뜨거운 물 사용법도 104쪽에서 소개하는 물을 이용하는 등의 아이디어가 필요합니다.

우선 족욕을 하기 전에 깨끗할 때에는 얼굴이나 손을 씻고, 수건을 적셔 온몸을 닦습니다. 뜨거운 물을 더 부어 족욕을 한 후에는 화장실 물로 사용하는 등 마지막 한 방울까지 재활용합시다.

목조주택 밀집지역에서는
화재에 주의합시다

수면 중에 압사한 사람도 있어요

낡은 주택이 밀집한 지역에서는 대지진에 의한 건물 붕괴 위험, 화재 시에 소방차·구급차 진입의 어려움 등을 피하기 어렵습니다. 일본에는 특히 이러한 지역에 오래된 목조주택이 밀집되어 있습니다.

한신아와지 대지진 때에는 사망자의 약 80%가 목조주택 붕괴에 의한 압사였습니다. 특히 1층에서 수면 중에 압사한 사람이 압도적으로 많았습니다. 2층 목조주택의 경우 건물이 무너져도 2층에는 생존 스페이스가 남을 가능성이 있습니다.

재해 대책 훈련에
참가하자

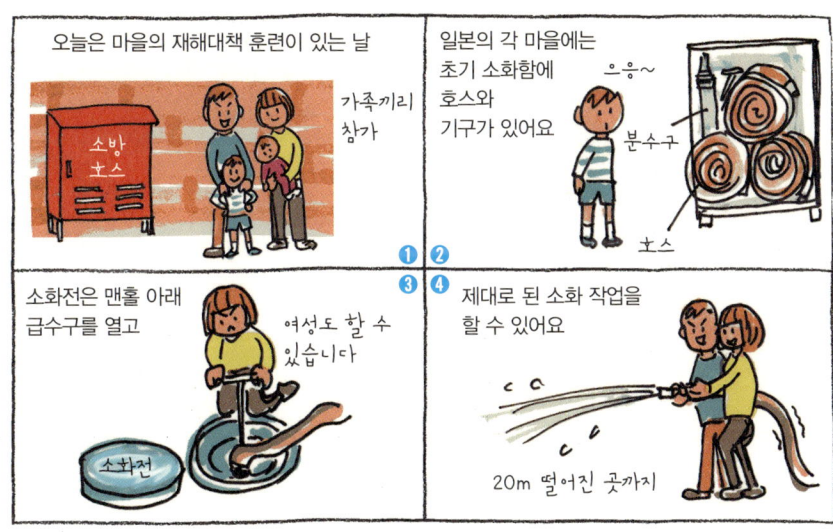

오늘은 마을의 재해대책 훈련이 있는 날

가족끼리 참가

소방 호스

일본의 각 마을에는 초기 소화함에 호스와 기구가 있어요

으응~

분수구

호스

1 2 3 4

소화전은 맨홀 아래 급수구를 열고

여성도 할 수 있습니다

소화전

제대로 된 소화 작업을 할 수 있어요

20m 떨어진 곳까지

화재를 방지하는 마음가짐

주택 밀집지역에 지진이 일어나면 가장 큰 문제점은 화재 위험입니다. 일반적인 화재라도 대형 소방차는 골목길에 들어올 수 없습니다. 게다가 대규모 지진이 발생하면 소방 당국도 일일이 대응할 수 없습니다.

'초기 진화'는 주민과 소방단(일본에는 각 지역마다 자치적인 소방단이 조직되어 있다)이 이 행하게 됩니다. 마을에서 행하는 소방훈련에는 가족 단위로 참가하는 것을 추천하고 있습니다. 초등학생 때부터 참가하던 남자아이가 고등학생 때 적절한 초기 진화로 화재를 미연에 방지했다는 이야기도 있습니다.

누전으로 인한 화재를 방지하기 위한 자동 누전차단기도 있습니다.

일본에서도 아직 모르는 사람이 많아 설치율이 낮습니다.

화염의 쓰나미를
조심하세요

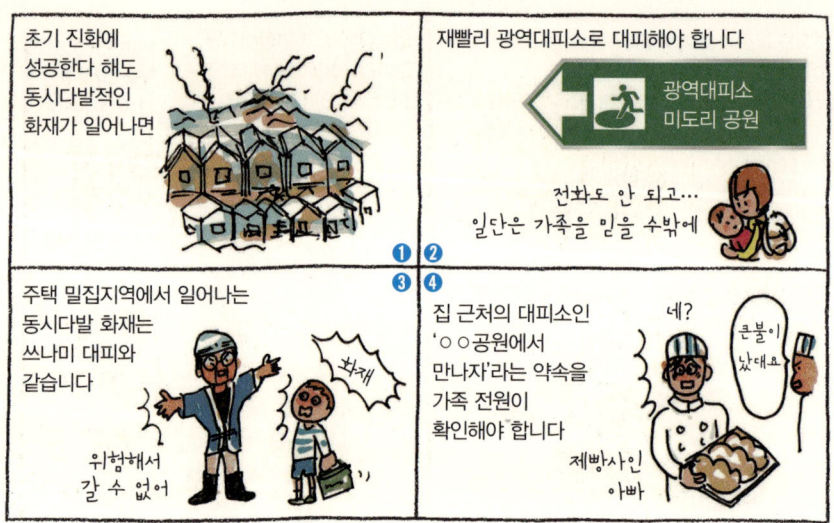

연기가 보이면 '광역대피소'로 대피하세요

초기 진화는 중요하지만 대피해야 할 타이밍을 잘 읽는 것도 중요합니다. 동시다발적인 화재는 사방을 옥죄는 불길로 인해 대피로가 막혀 버릴 수 있습니다. 더욱이 각지에서 일어나는 불이 합쳐져 화재장소에서 100미터 정도 떨어져 있어도 열기로 인해 위험해집니다. 연기가 멀리서라도 보이기 시작하면 대피해야 합니다.

가족과는 '나중에 만날 수 있으니 우선 연기가 보이면 재빨리 대피소로 피난하자'라는 약속을 하고 불길의 쓰나미로부터 자신과 가족을 지킵시다.

'대피소'는
열린 공간입니다

번지는 불길과 열기로부터 사람들을 보호하기 위해 충분한 녹지가 있는

'일시대피소'가 위험해지면 '광역대피소'로 집단으로 대피해야 해요

방과 후 학습 학생들을 인솔해 대피!

① ②
③ ④

집에 있더라도 하교길이라도 친구집이더라도 즉 가족이 따로따로라도

위잉~

연기가 보이기 시작하면 '광역대피소'로 재빨리 대피합시다

대화재 시에는 '광역대피소'로

일본의 대피소는 재해의 규모와 긴급성에 따라 '일시대피소'와 '광역대피소'로 나뉩니다. '광역대피소'는 지진 등에 의해 불길이 번지기 시작하고 확대되어 지역이 위험해지면 대피하는 장소입니다. 주로 큰 공원이나 광장 등이 '광역대피소'로 지정되어 있습니다. 피난생활이 가능한 학교 등의 대피소와는 다릅니다.

만약 주택 밀집지역에 살고 있는데 지진으로 인한 동시다발적인 화재가 발생하면 재빨리 '광역대피소'로 대피합시다. '여기까지 불길은 오지 않아'라고 방심하지 말고 미리미리 대피하는 것이 중요합니다.

분수 앞에서 약속

화재가 진정되면
숙박이 가능한 대피소로

광역대피소에서 숙박이 가능한 장소로

광역대피소는 주로 큰 공원이기 때문에 숙박이 가능한 시설은 아닙니다. 대화재가 진정되면 안전이 확인된 가까운 초등학교, 중학교 등의 대피소로 피해야 합니다. 대규모 재해시의 대화재는 며칠간이나 계속되는 경우도 있습니다. 가능하다면 통제하는 공무원의 지시에 따라 이동하도록 합시다

집이 걱정되지만
지금은 돌아갈 수 없어…

6

대피소 생활 상식

대피소에
'손님'은 없습니다

아기가 있는 사람, 아이가 많은 사람, 집이 불탄 사람, 고령자… 여러 사람들이 모입니다. 어린 아이를 데리고 있으면 우선적으로 대피소에 들어갈 수 있지만 보급되는 간이식사나 물 등은 유아나 어린이용은 아닐 가능성이 높습니다.

일본의 대피소 운영은 각 지역의 방재 자치 조직인 '대피소 운영 위원회'에서 합니다. 행정 공무원이나 학교 직원을 도와주는 역할을 합니다.

재해를 당한 직후에는 여전히 혼란스럽고 준비가 덜 되어 있습니다. 동일본 대지진 때에는 지원이 이루어지기까지 며칠이나 걸린 곳도 있습니다. 대피소의 오물이 넘쳐나는 화장실은 정말 눈뜨고 못 볼 정도로 끔찍했습니다. 대피소에서는 항상 악취가 풍겼습니다.

아이들을 기다리고 있는 것 역시 힘든 환경입니다. 분유와 물을 스스로 준비하거나 종이기저귀를 챙기는 등 평상시에 준비를 철저히 해야 합니다.

아빠도 힘을 합쳐!

양동이로 수영장 물을 날라 화장실을 청소했어요

아이들도 스트레스 팍팍!

다양한 사람들이 있습니다

재해 직후의 대피소는 혼잡해요

지진 직후 얼마 동안은 자력으로 이겨내야 해요

재해가 일어난 직후는 당연히 행정기관도 피해를 입어 혼란한 상태입니다. 대피소의 음식이나 담요 등의 배급은 재해 규모에 따라 지연될 가능성도 있습니다. 과거의 지진 시에는 '줄을 섰는데도 구호품을 못 받았다' '대처에 대한 불만으로 공무원을 폭행'하는 등 방송에서는 보도되지 않는 사고도 속출했습니다. 재해 직후에는 자신의 힘으로 이겨낼 수 있도록 각자 비축을 해두고, 이웃주민끼리 서로 도울 수 있는 시스템을 만듭시다.

대피소 환자
분류하기

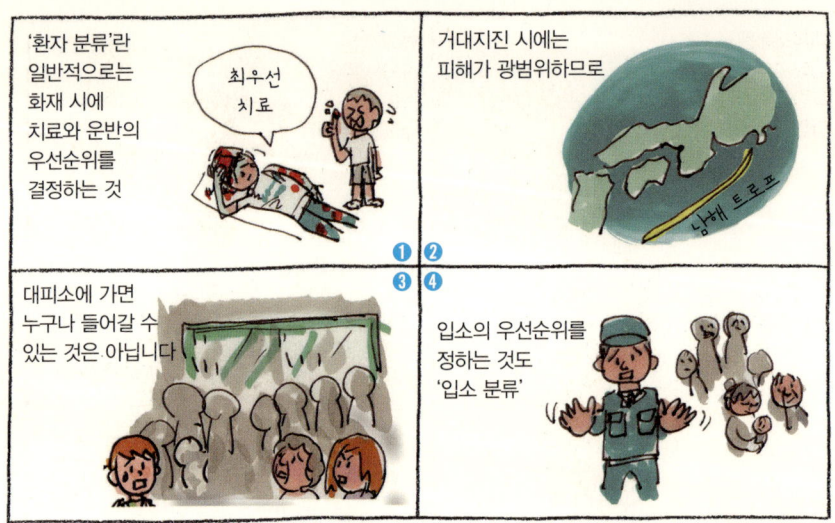

'환자 분류'란 일반적으로는 화재 시에 치료와 운반의 우선순위를 결정하는 것

최우선 치료

거대지진 시에는 피해가 광범위하므로

난해 트로프

대피소에 가면 누구나 들어갈 수 있는 것은 아닙니다

❶❷
❸❹

입소의 우선순위를 정하는 것도 '입소 분류'

선착순으로 대피소에 들어간다?

과거에는 가장 먼저 대피해온 멀쩡한 사람이 가장 좋은 장소를 차지하는 바람에 뒤늦게 오는 영유아 부모나 고령자처럼 보호 받아야 할 사람들의 자리가 부족했습니다. 대피소의 수용능력을 넘어서는 이재민이 몰려온 경우에는 지원이 우선적으로 필요한 사람들을 도와야 합니다. 주택 피해가 큰 사람이나 고령자, 영유아 보호자 등이 그 대상입니다. 피해 정도가 비교적 가벼운 사람은 입소가 거절당하고 자택 대피를 해야 할 수도 있습니다. 그렇지만 집이 위험한 상태라고 여겨진다면 주저하지 말고 안전한 대피소를 이용하도록 합시다. 운명을 함께하는 아이를 위해서도 강하게 주장합시다!

아이와 함께하는
피난 생활은 더욱 힘들어요

곤란한 점이 있다면 확실하게 얘기하자

대피소에서는 한정된 공간에서 많은 사람들이 함께 먹고 자야만 합니다. 이것은 아이들에게 크나큰 스트레스입니다. 또한 아이들의 울음소리나 떠드는 소리가 주위 사람들을 불편하게 할 수 있어 여기에 신경 쓰는 아이 엄마의 스트레스도 보통이 아니지요.

아이들을 위한 구호물자 배급은 기대할 수 없습니다. 가능한 한 각자 준비하도록 합시다. 곤란한 점이 있다면 꾹 참지 말고, 무엇이 불편한지 구체적으로 상담하도록 합시다. 해결할 수 있는 실마리가 있을 수도 있으니까요.

환경을 스스로
정리할 수 있는 아이디어

운영진에 이야기를 해서 아이들이 있는 이재민들만의 장소를 제공 받았어요

임시화장실을 쓸 수 없는 유아용 화장실과 기저귀 갈이용 장소도

ㆍ양동이
ㆍ매트

❶ ❷
❸ ❹

귀가 안 들리는 사람을 위해 안내문을 만들었어요

귀가 안 들립니다 글씨로 부탁드립니다

식사 배급을 위해 줄을 서는 동안 번갈아가며 그림책을 읽어주었어요

일본의 대피소 운영에 엄마들도 참여해요

대피소 운영은 주로 자치회가 겸임하는 경우가 많고, 운영진의 대부분이 고령 남성일 때도 있습니다. 젊은 여성이나 아이가 딸린 부모의 고충은 잘 모를 수 있습니다. 이들은 엄마들에게 정말로 필요한 생리대나 보습용 크림 등은 필요 없다고 생각해서 그와 관련된 구호물품을 다른 대피소로 보내버리는 경우도 있었습니다. 가능한 한 대피소 운영에 참가해서 어머니들의 의견과 아이디어를 내도록 합시다.

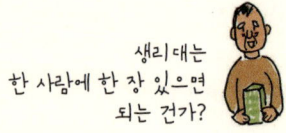

생리대는 한 사람에 한 장 있으면 되는 건가?

자신이 사용할
화장실을 만들자

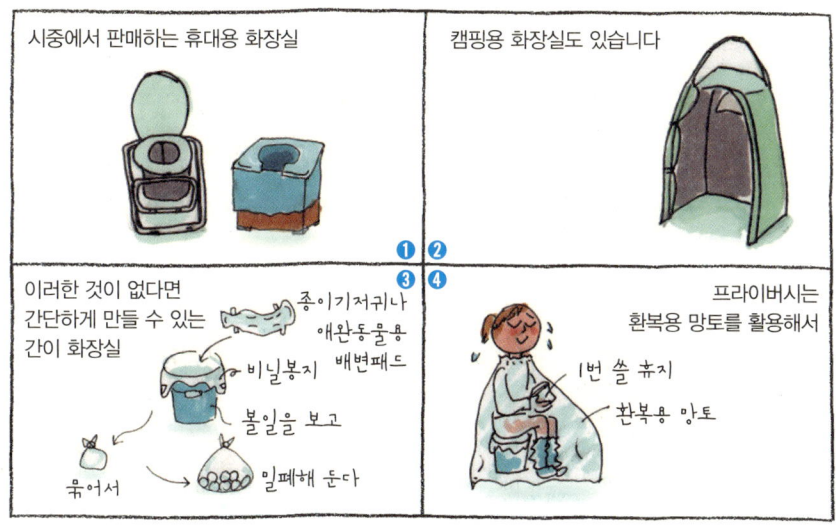

시중에서 판매하는 휴대용 화장실

캠핑용 화장실도 있습니다

이러한 것이 없다면
간단하게 만들 수 있는
간이 화장실

종이기저귀나
애완동물용
배변패드

비닐봉지

볼일을 보고

묶어서

밀폐해 둔다

프라이버시는
환복용 망토를 활용해서

1번 쏠 휴지

환복용 망토

❶ ❷
❸ ❹

1초를 다투는 화장실 문제

대피소에서 모두가 사용하는 화장실은 언제나 사람으로 꽉 차 있거나 더러운 경우
가 많습니다. 화장실 이용이 불편해서 물을 마시지 않던 사람이 건강을 해치는 일도
있었습니다. 아이들이나 어른이나 참을 수 없는 화장실 문제. 시중에서 판매하는 휴
대용 화장실은 '고분자 흡수 폴리머'를 이용하고 있기 때문에 미리 대피소에 준비해
두는 것이 좋습니다. 만약 없다면 흡수 폴리머가 포함된 종이기저귀나 애완동물 배
변패드를 이용해 간이 화장실을 만들 수 있습니다.

앞으로의 피난생활,
어떡할까?

제2 집합장소를 초등학교로
정해 놓고 있었기에
별 탈 없이
남편과 만났어요

꽉!

체육관 바닥은 딱딱하고,
추위와 불안으로
쉽게 잠이 안 와요
어린 딸도 갓난아기로
돌아간 듯

❶ ❷
❸ ❹

교통시설은 아직 제대로 복구되지 않았지만
지방에 사는 오빠가
대피소에 왔어요

괜찮냐?

남편과 상담해서
딸아이는 오빠네 가족에 맡기고
우리는 대피소에서 생활하면서
임시주택을 찾기로

아주 잠깐만
좀 참아

아이를 맡길 수 있는 친척을 생각해두자

대피소 생활은 매우 힘이 듭니다. 재해를 당하고, 가족 전체가 친정으로 대피하는 경
우도 있지만, 현실적으로는 직장 등을 이유로 재해지역을 벗어나기 힘든 사람도 많
습니다. 의료 관계 종사자나 간호, 행정, 학교 관계자, 라이프라인 복구 관계자 등 많
은 사람들은 재해 직후부터 잠도 못 자고 쉬지도 못 하면서 일하고 있습니다. 하지만
아이들의 안전을 최우선으로 생각합시다. 친정이나 친척, 친구 등 재해가 일어났을
때 의지할 수 있는 사람을 생각해두는 것도 중요합니다.

7

재난 시
비상식량 만들기

가정의 비상식량은
1주일분 이상이 필요해요

대형 지진의 경우 정부의
구호물품이 도착하기까지

각자 스스로 삶을
꾸려나가야 합니다!

칼국수요!

지금까지 3일 정도를 기준으로 했던
가정내 비축은

쌀
rice

1주일분 이상의 물과 식량으로 늘려야 합니다

최근 비상식이라고 하면 건빵, 동결건조식품, 통조림, 고체연료를 이용한 카레 등 종류가 매우 많습니다. 그렇지만 역시 가격이 비싸지요. 평상시에 사용하는 식재료 중에도 유통기한이 2개월~2년 정도 되는 것이 의외로 많이 있습니다. 예비로 1~2개 정도 사놓고 항상 떨어지지 않도록 해야 합니다. 만약의 경우에 마트로 달려가지 않아도 되도록 '변하지 않는 맛'의 비상식량 준비를!

무엇을, 얼마나
준비하면 좋을까?

비상식량을 오랫동안
방치하지 마세요

비상식량의 대명사 건빵은
5년간 보존할 수 있어요

5년의 유통기한이라서
안심하고 저장하고
있었습니다

알고 보니 유통기한이 지나서
먹을 수 없게
됐습니다

2년이나
지났잖아

아깝네~

무엇보다
익숙하지 않은 맛이기에
재해 시에 먹어도
힘이 안 나요

맛이 이상해~

3년, 5년으로 장기보존이 가능한 비상시 전용 보존식은 언뜻 편리해 보이지만 폐해도 있습니다. 우선 '비상식량'이라서 오랫동안 방치하고 어느새 유통기한이 지나고 마는 일도 있습니다. 또한 '비상식량'이기 때문에 일상적으로 먹는 음식과는 다릅니다. 과거 이재민들이 가장 절실하게 바라던 것은 '매일 먹던 어머니의 밥상'이었습니다.

변색된 빵

유통기한이 지나면
먹을 수 없습니다

비상식량도
주기적으로 소비합시다

6개월이나 1년 정도의
유통기한 식품을 합치면
비축할 수 있는
식품 수는
크게 늘어납니다

유통기한이 6개월인 식품

오이절임

무우절임

단무지

컵라면

유통기한이 1년인 식품

스파게티

국수

건빵

쌀
rice

먹을 때는
유통기한을
잘 확인할 것

소비하면
다시 사 두고,
재고가
끊이지 않도록

'비상식량은 1년 정도 유통기한이면 충분'하기 때문에 거의 모든 즉석식품이 적합합니다. 더욱이 6개월짜리 유통기한까지 포함하면 식재료는 장조림, 장아찌, 건조식품, 컵라면처럼 더욱 늘어납니다. 주식인 쌀, 콩, 밀가루, 조미료인 된장, 간장 등도 여분을 하나 씩 더 두면 안심이 됩니다.

쌀과 된장, 마른 미역이 있으면
우선 한 끼 해결!

미역
깨
미역

메뉴를 로테이션하면서
비축하자

즉석식품은 가족들이 좋아하는 메뉴로 사 두면 됩니다. 통조림은 반찬이라고 생각하면 풍부한 식단에 도움이 됩니다. 가족이 서로 의논해 '비축 가능한' 일상식을 골라 정기적으로 소비하고 보충해둡시다.

우리는 월급날 전 1주일이 비상식량 소비 주간

말린 음식 메뉴가 중심입니다 생각보다 가족 모두 좋아해요

메뉴를 생각하고 정하는 것은 즐거워요

우리 집은 월말에 유통기한을 확인해서 메뉴를 정합니다

할인 할 때 사서 장보러 가기 싫을 때 소비

쏴쏴

오늘은 파전 파티!

'비상식량 식사일'을 정해서 메뉴를 로테이션하면서 비축합시다

즉석 카레는 각자가 좋아하는 맛으로!

12일간 가족을 지키는
비축 식량이란?

물 3리터 × 사람 수 × 12일

2리터 6개 들이가 9개

단백질 75끼

주식 75끼

떡 / 현미 5Kg / 밀가루 1Kg / 스파게티 / 국수

비타민, 섬유질, 기호품, 기능성 식품 75끼

오이절임 / 컵라면

가족 3명, 1일 2끼이라고 계산하면 72끼가 필요합니다. 쌀이 5Kg으로 30끼. 스파게티 1Kg으로 10끼. 밀가루 1Kg으로 10끼. 국수 500g으로 5끼. 떡은 1개가 밥 2그릇 열량을 내기 때문에 1Kg 정도로 약 20끼. 이상 주식만으로도 75끼가 됩니다. 비타민과 미네랄이 풍부하고 소화도 잘되는 '배아 쌀'이 좋습니다.

된장국,
마른 미역이나 말린 새우를 넣고
뜨거운 물을 부어 완성

무말랭이

멸치 통조림

배아 쌀

장조림   단무지

일상생활과
피난생활의 차이

가스, 전기, 수도를 쓸 수 없어요

이번 큰 재해로 인해…

라디오로 정보 수집

물을 얻기가 하늘에 별 따기

급수

바로 먹을 수 있는 과자 등은 비상식량으로 남겨두고

쌀과자

콘플레이크

비스킷

아이들에게도 정확히 설명을

물은 정말 아껴 써야 해

24시간, 좋아하는 것을 맘껏 먹을 수 있는 환경에 있던 우리들은 어느 날 갑자기 참고 또 참아야 하는 대피생활을 시작합니다. 물론 당연한 듯 여겨졌던 일상과 '참는 생활'의 격차는 괴로울 정도입니다. 3시간 정도 줄을 서야 받을 수 있는 요구르트와 빵을 아무 생각 없이 남편이 다 먹어버리는 바람에 이혼에 이른 부부의 사연도 있었습니다.

갈비 사달라고 했는데~

비상시
식사 횟수는?

대피소의 식사는
아침저녁으로
1일 2회가 기본

건빵과 물

주먹밥과
채소주스

식사 준비는
날이 밝은
낮에 하고

캠핑이라고
생각하자

부탄가스는 아껴서 쓰고
물을 끓였을 때에는
보온병에 넣어두세요

GAS 1개로
보통
1시간 정도

남은 음식이 상해서
버리지 않도록 조심합시다

계절에 따라
다르지만
남은 음식이
식중독의 원인이
되는 경우도

장소에 따라 다르겠지만, 대피소의 식사는 1일 2끼가 기본입니다. 조식과 석식의 배급 사이에는 가족을 찾으러 가거나 집을 살펴보러 가거나 일하러 가거나 합니다. 자택에서 대피를 하는 경우에도 식사는 기본 2끼로 합시다. 점심은 '아침에 남은 밥'으로 하고 브런치로 한다면 식사를 준비하는 스트레스도 어느 정도 줄어들게 됩니다. 그리고 집안의 안전한 장소에서 불을 사용해야 합니다.

옛날에는
1일 2끼였어요

100

절의 식사법
'발우공양' 정신을!

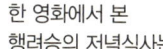
한 영화에서 본
행려승의 저녁식사는

1국 2찬

식사를 마치고
뜨거운 물을 그릇에 부어
마지막으로 하나 남겨두었던
단무지로 그릇에 붙은
밥풀을 깨끗이 닦아
뜨거운 물과 마신다

다른 그릇도 뜨거운 물로 닦아
전부 마시고
행주로 물기를 닦아

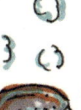

상자에 넣어 보관

쌀 한 톨, 물 한 방울도 허투루 하지 않는 것이 참선을 수행하는 승려의 식사 예절입니다. 수돗물이 없었던 옛날 밥그릇은 하나하나 씻을 수 없었습니다. 개인 전용 식기를 상자에 넣어 보관하곤 했습니다. 사용할 때에는 상자를 뒤집어 상처럼 사용했습니다. 사용한 그릇은 뜨거운 물과 단무지로 닦은 후, 그대로 다시 상자 안에 보관했습니다.

감사하는
마음으로!

설거지거리를
만들지 맙시다

접시에 랩을 씌워
그릇을 더럽히지 않도록

랩을 씌운다

뜨거운 것은 알루미늄 호일

알루미늄 호일을
열에 강한 그릇 위에
뚜껑 대신

아궁이나 스토브 위에서는 호일 구이로

고구마, 감자, 생선, 소시지, 채소를
알루미늄 호일로 쌀 뿐

항균 물티슈와 휴지는 이제는 필수품

싹싹~

비상시에 가장 곤란한 것은 물을 못 쓰는 것입니다. 접시 대신 랩, 알루미늄 호일, 1회용 비닐봉지와 장갑, 프라이팬을 더럽히지 않는 쿠킹 시트, 화장지, 키친타월 등을 평소에 비축해 둡시다. 이런 품목들은 동일본 대지진 때에는 재해지역이 아닌 곳에서도 부족했습니다.

동일본 대지진 당시
수도권에서는 휴지, 화장지가
품절되었습니다

어디에서도
안 팔아요

도구 하나, 냄비 하나로
조리합시다

재해 지역에서 휴대용 가스레인지를 살 수 있다는 소문이 돌자 가게 앞에는 사람들이 장사진을 쳤습니다. 가스레인지는 샀지만 부탄가스는 살 수 없었던 사람들도 많았습니다. 전기는 비교적 빨리 복구되기 때문에 '전기레인지'를 사는 사람도 늘었습니다.

비상시에는 휴대용 가스레인지가 편리
재료는 작게 썰어 빨리 익도록

연료를 절약하는 아이디어와 보온조리법으로
조림 보온병을 이용한 스프나 죽도

압력솥을 이용하면
연료를 절약

식칼이나 도마는 쓰지 않고
전부 조리가위로

무엇이든
자를 수 있는
조리가위

비비거나 무칠 때에는
그릇을 쓰지 말고
비닐봉지를 이용

여유 있게
사둡시다

절임   무침

전기주전자도
편리!!

매일 한 사람당
물 3리터가 필요해요

비상용 물

생수

매일 받아두고
있는 수돗물

수돗물이 나올 때에 받아둔 물
목욕물도 생활용수로
쓸 수 있어요

급수장소나 급수차에서

종이박스에
크고 튼튼한
비닐봉지를 넣어
운반

화장실 물탱크의 물도
귀중하게 쓰일 때가 있어요

국자로 푸자

여기에도
있었네

만약 '한 사람당 물 3리터×3인 가족
×12일분=물180리터'라고 생각하면
2리터짜리 페트병이 54개 필요합니다. 과거의 재해에서는 화장실 물탱크의 물로 하루하루를 겨우 버텼던 재해민도 있습니다. 화장실 물탱크에 세정액을 넣어두었다면 사용해서는 안 됩니다.

플라스틱 양동이에
비닐봉지를 넣어 물동이로!

바가지로 뜨자!

담아둔 물의
유통기한

페트병에 담아둔 수돗물은
며칠 정도 괜찮을까?

여름날 땡볕에는

앗! 뜨거…

단 1일

여름날의 그늘에서는

대략 4일

시원하다~

냉장고에서는

대략 1개월

담아둔 물은 자주 갈아주도록 합시다. 물의 보존은 대략 소독을 위해 함유된 염소의 농도로 판단할 수 있습니다. 잔류 염소가 없어지면 세균이 번식하기 쉬워집니다. 담아둘 때 정수기에서 받은 물이 아닌, 수도꼭지에서 그대로 받아 공기와 접촉하는 부분을 최대한 적게 할 것. 입을 대고 마셔도 세균이 들어갈 위험이 있으므로 컵으로 마십시다.

물을 꽉 채우자!

◇◇◇◇◇◇◇◇◇◇◇◇◇◇◇◇

물의 사용을
고민하자

채소를 씻을 물

오은다 솥을 헹굴 때

스파게티를 삶은 물

오은다

그릇을 씻는다

세탁한 물

헹군 물로
걸레 등을 빤다

오은다

오은다

하수 시설에
문제가 없다면
모은 물은
화장실에서

화장실에서 쓴다

물의 재활용을 고민합시다. 세수한 물, 수건이나 속옷을 빤 물, 그릇이나 냄비를 헹군 물, 채소를 씻은 물을 다시 이용해야 합니다. 스파게티를 삶은 물에는 기름과 소금이 포함되어 있으므로 스파게티 소스의 기름때를 깨끗이 씻을 수 있습니다. 평소에도 해보세요.

물 쓰듯이
쓸 수는 없습니다

입을 헹군 물도
모아서 재활용합시다

불길의
온도는 몇도?

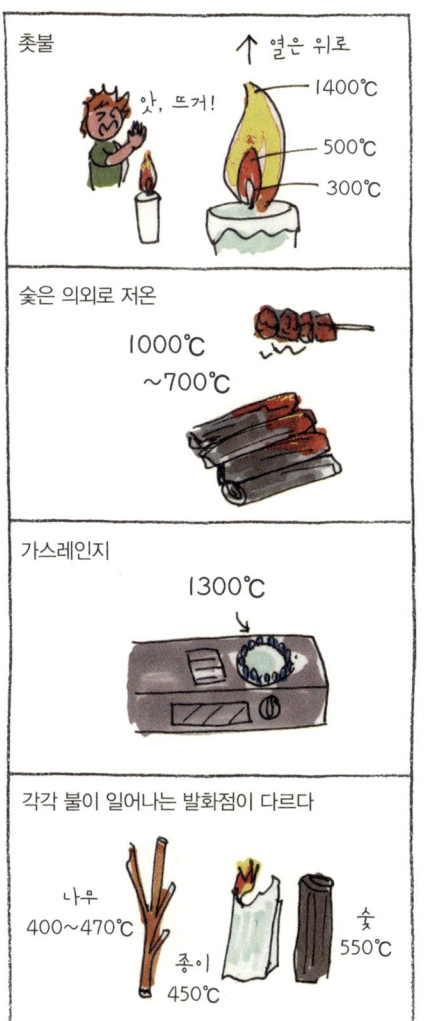

촛불

↑ 열은 위로

앗, 뜨거!

1400℃

500℃

300℃

숯은 의외로 저온

1000℃
~700℃

가스레인지

1300℃

각각 불이 일어나는 발화점이 다르다

나무
400~470℃

종이
450℃

숯
550℃

불은 종류에 따라 온도가 다릅니다. 석탄은 그 화력 때문에 고온이라고 착각하기 쉽지만, 고급 숯일수록 저온으로 최고급 숯은 760도 정도의 온도가 일정하게 유지됩니다. 숯불구이에 필요한 불은 적외선 량이 많아야 합니다. 숯이 고온일 필요는 없습니다. 때문에 숯불로 고기가 맛있게 구워지는 거겠죠.

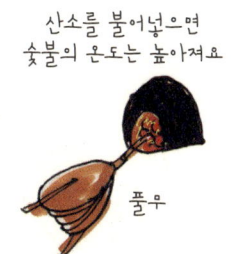

산소를 불어넣으면
숯불의 온도는 높아져요

풀무

삼발이가 달려 있는
고체연료

고체연료에는 삼발이가 붙어 있어 편리!

삼발이가
붙어 있어요

고체연료

뚜껑은 드라이버 등으로 열 수 있어요

고체연료

삼발이를 올려놓고
점화기로 불을 붙여주면 끝

400g
용량이라면
약 1.5시간

도중에 불을 끄고 다시 이용할 수도 있어요

뚜껑을 뒤집어 불을 끄자

심플한 구조이지만 확실한 도구! 삼발이에 냄비를 올려놓는 것만으로 안전하게 조리가 가능합니다. 성냥이나 라이터도 잊지 말고 같이 보관해 둡시다. 또 예비로 작은 용량의 고체연료를 보관해두는 것도 필요합니다. 중화요리나 일식요리에서 1인용 찌개를 데울 때 사용되는 작은 연료입니다. 캠핑을 할 때 많이 쓰이고 있지요.

라면이라면
20인분!

화로는
실외에서 사용하세요

화로와 연탄풍로는 조금 다릅니다

연탄풍로

연탄

풍로는 연탄 크기에 맞춘다

화로에는 연탄이 들어가지 않아요

숯을 넣어
사용한다

나팔꽃 모양의
연탄풍로

용도도 약간
다릅니다

구이

조림

화로 →

← 연탄풍로

숯을 사용할 때에는
반드시 실외에서
사용합시다

일산화탄소 중독의
위험성이 있으니까요

목탄은 화력이 세고 빨리 타버리며 숯 냄새가 납니다. 한편 연탄은 특이한 냄새가 나고, 8시간 이상 안정적인 화력으로 탑니다. 하지만 일산화탄소를 장시간에 걸쳐서 많이 내뿜기 때문에 사용할 때에는 환기를 충분히 해줘야 합니다. 실제로 많은 사망사고의 원인이 됩니다.

최근 내 이미지가
나쁜 거 같아

연탄맨

내 탓이
아닌데...

간단한
아궁이 만들기

돌 세 개로 솥을 지탱하는 돌 아궁이

하천에서
자주 보네

드럼통으로 만드는 간이 아궁이

드라이버로
공기 구멍을

철조망을 이용하거나

금속 냄비
철조망

알루미늄
호일을
깐다

벽돌이나
블록을
사용

알루미늄 호일로 싼 음식

큰 캔을 사용할 수도

환기 구멍을 뚫은
대형 통조림 캔

아궁이를 만들어 봅시다. 아궁이 원리를 이해하면 무엇이든 만들 수 있습니다. 요점은 공기 흐름과 바람막이, 냄비를 얹었을 때의 안정감입니다. 불을 쓰기 때문에 위험이 따르기 마련입니다. 주위에 가연성 물체가 없는지 확인하고 소화수를 준비한 후에 실외에 설치하도록 합시다. 직접 땅에 만들 때에는 콘크리트 바닥을 보호하기 위해 알루미늄호일을 깔도록 합시다.

벽돌 2개로 만든
아궁이

18리터 캔 난로로
멋진 아궁이를!

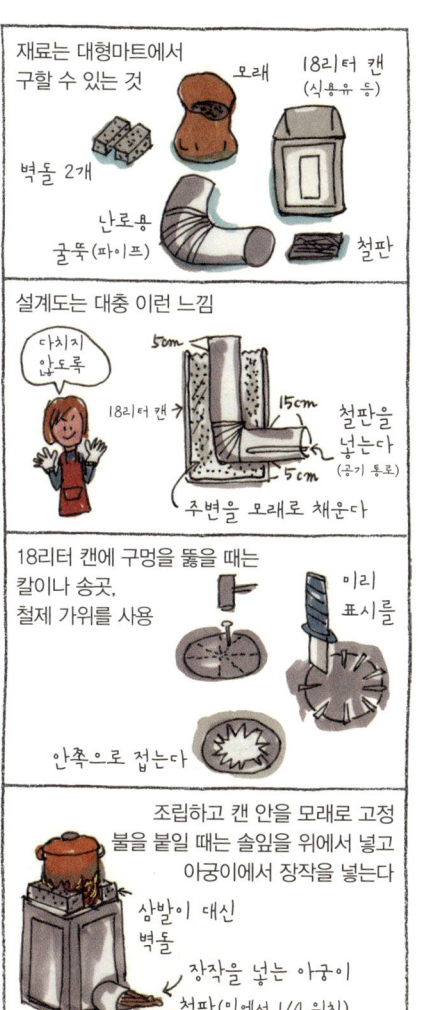

재료는 대형마트에서 구할 수 있는 것

모래

18리터 캔 (식용유 등)

벽돌 2개

난로용 굴뚝 (파이프)

철판

설계도는 대충 이런 느낌

다치지 않도록

50cm

18리터 캔

15cm

철판을 넣는다 (공기 통로)

5cm

주변을 모래로 채운다

18리터 캔에 구멍을 뚫을 때는 칼이나 송곳, 철제 가위를 사용

미리 표시를

안쪽으로 접는다

조립하고 캔 안을 모래로 고정
불을 붙일 때는 솔잎을 위에서 넣고
아궁이에서 장작을 넣는다

삼발이 대신 벽돌

장작을 넣는 아궁이

철판 (밑에서 1/4 위치)

적은 연료로 큰 화력이 매력적입니다. 18리터 캔에 뚫는 구멍은 파이프보다 조금 크게 하면 만들기 쉽습니다. 만능칼이 없으면 망치와 못으로 자르는 선처럼 만들어 구멍을 뚫읍시다. 모래는 파이프 고정과 단열재 역할을 합니다. 아궁이에 끼우는 철판은 공기가 통하는 길이 됩니다. 완전연소하기 때문에 연기는 많이 나지 않습니다.

적은 연료로
큰 화력을
낼 수 있어요 ♥

2분 만에
숯에 불을 붙이는 방법

숯에 불을
붙이는 것은
어려워요

신문지만 타지
불이 잘 안 붙네

착화제를 쓰지 않고
숯에 불을 붙이기 위해서는
요령이 필요합니다

좌배기처럼 곤 신문지를
10개 정도 만들어
#모양으로 쌓는다

#모양으로 쌓은
신문지 주위에
숯을 굴뚝 형태로
놓습니다

신문지 사이에
숯을 꽂아 놓는다

굴뚝 안에
불을 붙인
신문지를 넣어
점화합니다

불을 붙인
신문지로 점화
공기의 흐름

신문지만으로 2분 안에 불을 붙이는 방법입니다. 숯에 난 무수한 구멍은 공기를 품고 있어 열을 차단하는 작용을 합니다. 숯으로 불씨를 감싸 열의 확산을 막습니다. 그러면 착화한 신문지가 고온이 되어 숯에 불이 붙기 쉽습니다. 공기의 흐름도 생기기 때문에 부채질할 필요도 없습니다. 일산화탄소중독의 염려가 있기 때문에 실내에서는 하지 맙시다.

금방
불이 붙었네

신문지로 안전한
장작을 만드는 방법

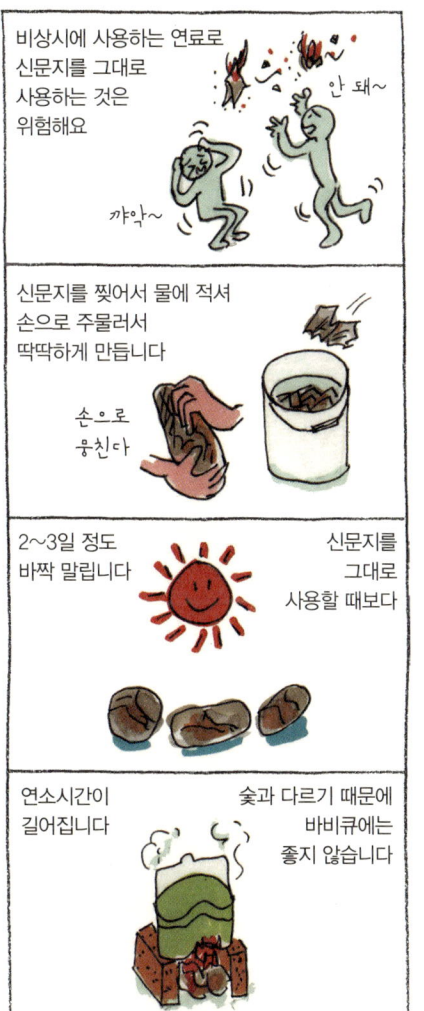

비상시에 사용하는 연료로
신문지를 그대로
사용하는 것은
위험해요

안 돼~

꺄악~

신문지를 찢어서 물에 적셔
손으로 주물러서
딱딱하게 만듭니다

손으로
뭉친다

2~3일 정도
바짝 말립니다

신문지를
그대로
사용할 때보다

연소시간이
길어집니다

숯과 다르기 때문에
바비큐에는
좋지 않습니다

종이 종류를 강한 불 속에 넣으면 불
이 붙은 채로 공중에 떠올라 위험합
니다. 연료로 안전하게 쓸 수 있는 장
작을 신문지로 만들어 봅시다. 조건에
따라 다르지만 효율적으로 태우면 1
일분의 신문지로 만든 '신문 장작'은
1시간 정도 불을 지필 수 있습니다.
아이와 함께 놀이처럼 장작을 만들어
캠프에서 사용해 봅시다.

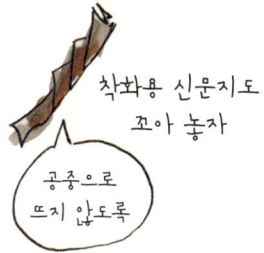

착화용 신문지도
꼬아 놓자

공중으로
뜨지 않도록

폐식용유를
연료로 쓰자

여기에서 폐유란 튀김 등을 하고 남은 식용유입니다

오래된 수건이나 헝겊을 캔 화로에 들어갈 만한 크기로 잘라

폐식용유에 적십니다

폐식용유에 적신 헝겊을

121쪽의 캔 화로에 세팅합니다

캔 화로 위에 쌀을 넣은 가마솥을 세팅하고 불을 붙입니다

불이 새어 나오는 경우도 있기 때문에 손대지 말고 20분 정도 짓자

폐유 헝겊은 활활 타오릅니다. 헝겊에 적신 폐식용유가 단시간에 타버리는 경우가 있기 때문에 추가분을 준비해 둡시다. 만약의 경우를 대비해서 소화 기구를 준비하고 실외에서 하도록 합시다. 예행연습으로 캠핑 마지막 날에 튀김 식용유 처리를 겸해서 밥을 지어보는 것도 좋지 않을까요? 참고로 석유나 휘발유는 위험하니까 절대 사용하면 안 됩니다.

캔은 검게 그을리지만 밥은 안전!

우유팩으로
연료를 만들자

평소 우유팩을 모아두도록 합시다. 우유팩은 펄프에 왁스가 코팅되어 있기 때문에 오랫동안 불에 탑니다. 캔 화로에 잘 사용하면 우유팩 2개 정도로 밥을 지을 수 있습니다.

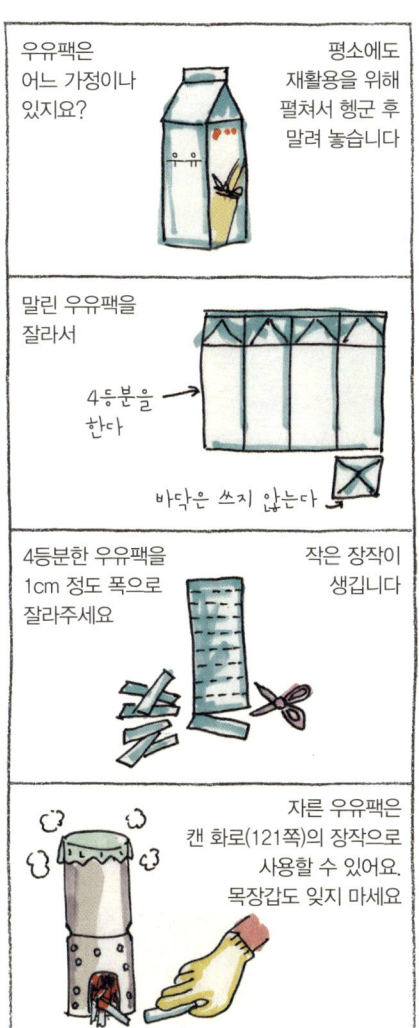

우유팩은 어느 가정이나 있지요?

평소에도 재활용을 위해 펼쳐서 헹군 후 말려 놓습니다

말린 우유팩을 잘라서

4등분을 한다

바닥은 쓰지 않는다

4등분한 우유팩을 1cm 정도 폭으로 잘라주세요

작은 장작이 생깁니다

자른 우유팩은 캔 화로(121쪽)의 장작으로 사용할 수 있어요. 목장갑도 잊지 마세요

평소에 우유팩은 생선 손질할 때 사용하고 있어요

냄새가 배지 않아요~

가장 기본적인
밥 짓는 법

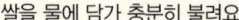

쌀을 물에 담가 충분히 불려요

15분
물에

15분
채에

채에 걸러 잠시 두면
쌀의 안쪽까지 물기가 흡수됩니다

불린 쌀과 같은 양의 물을 준비

같은
양의 물

불린 쌀

증기가 샐 것 같은 냄비나 프라이팬은
10% 정도 물을 추가

끓기 시작하면 15분 불을 줄인 상태로
냄비 안에서
쌀이 소리를 냅니다

부글부글

소리가 안 나면 불을 끄고
10분 정도 뜸을 들입니다

쌀은 '95도, 25분'에 녹말이 풀어지는 호화(糊化)현상이 발생, 즉 밥이 됩니다. 밥을 지을 때는 '부글부글 소리가 나도 절대 뚜껑을 열지 말라'고 하지만, 이는 불 조절이 어려운 가마솥의 경우입니다. 열이 균일하게 전도되지 않는 금속 냄비의 경우 도중에 밥을 저어주어도 좋습니다. 단 뜸을 들일 때는 온도를 유지하기 위해서도 뚜껑을 열지 말 것. 화력이 약할 때에는 끓을 때까지 시간이 걸립니다. 몇 번 해 보면서 요령을 터득하도록 합시다.

전통 방식은
가마솥

냄비에 눌어붙는 것을 막는
'젓가락 젓기'

씻은 쌀과 같은 양의 물을
금속제 냄비에 넣고

중간 불에서 끓기 시작하면
5분간 부글부글을 유지

물이 줄어들고 거품이 일면서
쌀이 보이기 시작하면
젓가락으로 바닥부터 저어주자
뚜껑을 덮고 약불에서 10분,
불을 끄고 10분 뜸 들이기

빙글빙글

중불

뜸이 다 들면 밥을 풀어주자

따끈따끈

맛있다

누룽지 NO

금속제 냄비의 바닥은 고온이 되면
눌어붙게 됩니다. 될 수 있으면 얇은
알루미늄 냄비가 아닌 조금이라도 두
꺼운 냄비가 좋습니다. 전체적으로 온
도를 균일하게 하기 위해 젓가락으로
과감하게 획획 저어주어야 합니다. 전
체적으로 섞었다면 재빨리 뚜껑을 덮
고 약한 불로 10분 정도 더 끓입니다.

뚜껑에 맺힌
물방울이 떨어지지 않도록
행주를 씌우고
뚜껑을 덮는다

뚜껑을
살짝 열어 놓는다

프라이팬으로
급속 취사하기

프라이팬으로 밥을 지을 때에는 미리 쌀을 불려두었다가 하는 것이 중요합니다. 프라이팬의 크기에 따라 다르지만 밥 6그릇 정도(계량컵으로 쌀 3컵)가 단 5분 만에 됩니다! 뜸 들이는 시간을 감안하더라도 15분 정도면 되지요. 완성된 밥은 밥알이 탱글탱글하고 윤기가 흐릅니다. 뜸이 다 들었으면 다른 용기에 옮겨 놓을 것. 프라이팬에 두면 잔열로 수분이 날아가 밥이 거칠어집니다.

프라이팬으로도 밥을 지을 수 있어요

불린 쌀과 같은 양의 물을 센 불에서 5분

물기가 없어지는 소리가 납니다

톡톡

중불에서 5분
불을 끄고
10분 뜸 들이기

적당히 퍼진 맛있는 밥이 됩니다

눌러 붙지도 않아요

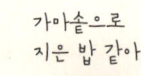

가마솥으로
지은 밥 같아

전자레인지로
밥을 하자!

전자레인지로 한 공기 분의 밥을 짓자
그릇에 반 컵 정도의 쌀과 물

물은 쌀보다
10% 정도 많이

딱 맞게 랩을 씌워 가운데에
칼집을 2개 정도 내주세요
'강'으로 물이 끓을 때까지
3분 정도 가열

넘치지 않도록

물이
끓을 때까지
전자레인지
앞에서
주의할 것

끓어 넘치기 전에
멈출 것

물이 끓으면 일단 끄고 약으로 10분 재가열
그대로 10분 뜸을 들이세요

땡

꺼낼 때
화상에 주의

전자레인지로 밥을 할 때는 출력의
강약을 잘 조절하는 것이 중요합니다.
물은 보통보다 많이 부은 다음, 끓기
시작하면 바로 멈추세요. 약으로 출력
을 바꾸어 10분 가열. 그대로 레인지
안에서 뜸을 들입니다. 젓가락으로 가
볍게 저어주면 준비 끝! 설거지거리
도 줄어들어 편리합니다. 1인분에 적
합한 취사입니다. 레인지 강은 600와
트, 약은 200와트입니다.

바로
뱃속으로

오븐토스터로
편리하게 밥 짓기

요리가위로 짧게 자른 알루미늄 캔과 알루미늄 도시락 통에 불린 쌀(116쪽 참조)과 같은 양의 물을 넣고 예열 없이 20분, 뜸 10분으로 밥이 완성됩니다. 넘치지도 눌러 붙지도, 알루미늄 캔이 그을리지도 없습니다. 바로 먹을 때에는 알루미늄 캔의 잘린 부분에 다치지 않도록 주의합시다.

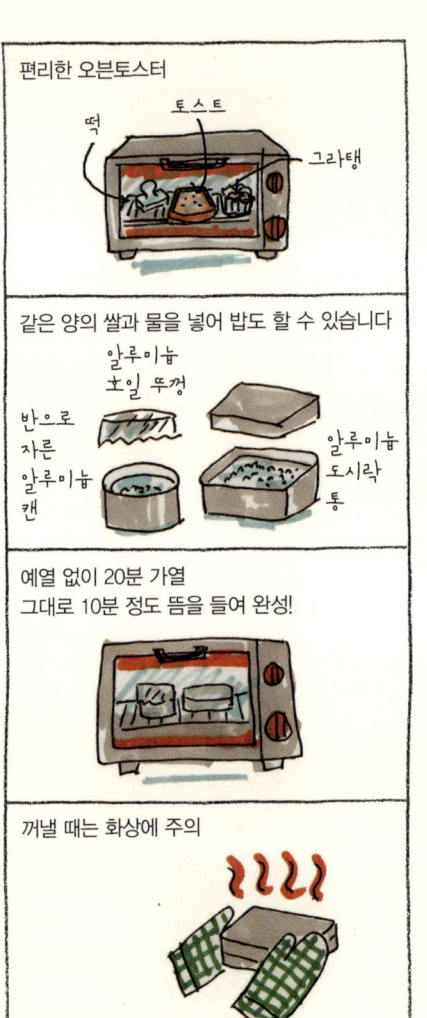

편리한 오븐토스터

떡 토스트 그라탱

같은 양의 쌀과 물을 넣어 밥도 할 수 있습니다

알루미늄 호일 뚜껑
반으로 자른 알루미늄 캔
알루미늄 도시락 통

예열 없이 20분 가열
그대로 10분 정도 뜸을 들여 완성!

꺼낼 때는 화상에 주의

오~ 좋아

120

빈 캔과 우유팩으로
밥을 짓자

편리한 알루미늄
캔으로 만드는
화로

캔의 윗부분을
잘라냅니다

공기 흡입구를
낸다

알루미늄 캔으로
가마솥을 만들 수 있어요

이 촉도 위를
잘라냅니다

알루미늄 호일을 2겹으로
접어서 뚜껑을 만들어
캔의 홈 부분에 밀착시킵니다
화로와 가마솥을 겹치세요

2개를 겹친다

자른 우유팩을 연료로 써서
15분 불을 때고
10분은 뜸 들이기

알루미늄 캔, 또는 철 캔 350ml를 준비하고 캔 따개로 윗부분을 잘라냅니다. 가마솥은 그대로 밥그릇이 되기 때문에 망치로 절단 부분을 두드려주면 안전합니다. 화로 캔에 굵은 못이나 요리가위로 통기구와 아궁이를 만듭니다. 바람이 불지 않으면 밥 1공기 정도 짓는 데 22분 정도 걸립니다. 다치지 않도록 작업중에는 꼭 목장갑을 끼세요.

캔의 절단면에
조심하면서
먹읍시다

간편하게 만드는
보온병 죽

- 보온병으로 불을 쓰지 않고 죽을 만들 수 있습니다

- 미리 끓는 물로 보온병을 덥혀 둡시다 미지근해진 물은 버리고

- 밥과 끓는 물을 부어주세요 기호에 맞춰 조미료를 넣고

- 30분 이상 방치해두면 완성!

  식지 않도록 주방장갑으로 덮어두자

죽을 만드는 것은 의외로 어렵습니다. 쌀로 바로 만들려고 하면 시간과 기술이 필요합니다. 하지만 찬밥이 있다면 보온병으로 안전하게 죽을 만들 수 있습니다. 보온병에 밥과 끓는 물을 넣는 것만으로 충분하니까요. 40분 정도 놔두면 딱 먹기 좋은 죽이 완성됩니다. 게다가 4시간 정도는 따뜻하게 먹을 수 있습니다. 평소의 식단에도 활용해 보세요!

넘침 주의!

물과 시간을 절약하는
'씻어나온 쌀'

씻어나온 쌀에 대한 오해가 있습니다

보통 쌀보다 영양이 부족하지 않을까?

같습니다

'쌀겨'가 포함되어 있지 않아 실제로 밥을 지었을 때 양이 많기 때문에 사실은 똑같은 가격

가격이 비싸겠지

사실 쌀뜨물이 안 생기기 때문에 환경에 좋습니다

요즘 젊은이들이란... 쯧쯧

씻지 않는 쌀은 쌀이 아니야. 게으름뱅이의 쌀이야!

특히 긴급시에는 귀중한 물을 절약할 수 있어 씻어나온 쌀이 편리합니다

씻어나온 쌀

나는 씻어나온 쌀 편!

'씻어나온 쌀'은 쌀을 씻을 필요 없이, 물을 붓는 것만으로 밥을 지을 수 있도록 가공된 쌀. 정미된 쌀 표면에 남아 있는 점착성이 강한 쌀겨를 미리 제거한 것입니다. 씻지 않는 쌀은 씻은 쌀에 비해 수용성 비타민이 많이 포함되어 있습니다. 배아의 일부가 남아 있기 때문에 영양가가 높은 '배아쌀'도 있습니다.

강추하는
씻어나온 쌀이에요

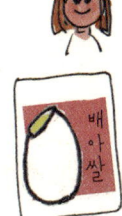

배아쌀

냉장고에는 늘
아이스팩을 보관하세요

정전이 되면 냉장고는 쓸 수 없습니다
신선식품을 먼저 소비합시다

고기, 채소

아이스팩이 있는 냉동고로 이동

언 생수병

아이스 베개

아이스팩

깜빡 잊고 열지 못하게
테이프로 밀봉

신선식품 소비는
서둘러

아껴두었던
고급식자재를
먹어버려야지

비상시에 냉장고를 아이스박스로 쓰기 위해 평상시에 아이스팩을 냉동고에 넣어둡시다. 정전이 되더라도 잠시 동안 아이스팩을 사용해 냉동고의 온도를 유지할 수 있습니다. 단 계절이나 주거환경에 따라 냉동고의 능력은 크게 차이납니다.

썩어 버렸다고 생각한 과일은 먹지 않도록 주의해야 합니다. 대피 중에 식중독에 걸리면 치료를 받지도 못하고 체력을 낭비합니다.

다진고기는
재빨리 익힌다

124

말린 떡은
비상식량이 됩니다

일본의 마트에서 파는 말린 떡은
유통기한이 깁니다

말린 떡

6개월에서 1년

떡은 먹기 간편하고
한 끼 식사로도 든든하죠

열량도 충분합니다

비상시야말로
체력으로
승부

비상식량으로
준비해두는 것도 좋겠지요

즉석국에
넣어 먹어도
맛있어요

떡은 주식으로도 간식으로도 좋습니
다. 설날이 아니더라도 주위에서 쉽
게 살 수 있습니다. 또한 일본에는 5
년간 장기 보존도 가능하고 물을 부
으면 말랑말랑해지는 떡도 팔고 있습
니다. 불 없이도 먹을 수 있기에 편리
합니다. 그렇지만 사이즈도 작고 조금
가벼운 식감으로 한 끼 식사로는 부
족한 감이 있지요. 간식이라고 생각하
면 좋을 듯합니다.

물만 부으면
말랑말랑해지는 떡

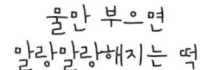

말랑말랑

김, 인절미, 팥의 3가지

면은 본래
보존식이에요

건면은 본래 보존을 위해
만들어진 식품

유통기한이 2년을
넘는 것도 많습니다

스파게티

파스타

마카로니

소면은 시간이 지날수록
밀가루와 수분이 어울려
면에 탄력이 생깁니다

맛있다!!

일본에는 3년 숙성시킨 소면을
팔고 있는 곳도 있습니다

고급 포장

3년 숙성 소면

국수, 스파게티의 유통기한은 3년! 특히 소면은 조리시간이 짧고 소화에도 좋습니다. 잘하면 3년 정도 보존할 수 있습니다. 또한 중면도 유통기한이 1년 정도 되는 것이 많습니다. 유통기한을 확인하고 골고루 소비하면서 비상식량을 보존합시다. 물론 유통기한이 남아 있더라도 곰팡이나 벌레, 혹은 이상한 냄새가 나는 음식은 먹으면 안 되겠지요.

냄새, 곰팡이,
이물질이 없는지 체크!

킁킁

컵라면은 비상식량으로
괜찮을까?

컵라면은 의외로 유통기한이 짧은 것을 알고 있나요? 동일본 대지진 때에는 재해지역에서 180Km 정도 떨어진 도쿄에서 컵라면 종류 대부분이 품절 현상을 보였습니다. 간편하게 따뜻한 식사를 할 수 있는 컵라면은 비상식량으로 좋은 듯 보이지만, 유통기한을 고려해 소비 가능한 양을 비축하는 것이 좋습니다. 봉지라면도 유통기한은 컵라면과 동일하게 6개월 정도입니다. 유통기한이 3년 정도인 비상식량용 컵라면도 있지만, 마트에서 살 수는 없습니다.

200년 역사를 자랑하는 통조림

수입 통조림의 표기는 알기가 어려워요
BEST BY (유통기한) 이
적혀 있거나
→ 인쇄되어 있다

대신 국산 통조림은 알기 쉽습니다
2015.2.1/C
NN KA
→ 제조공장 기호

먹어서는 안 되는 통조림 구별법
폭발 위험이 있다
녹슬어 있다
가장자리가 휘어져 있다
부풀어 오른 캔

열었더니 썩어 있는 경우도!
아이 셔~
강한 신맛

나폴레옹이 현상금을 내걸어 만들어진 통조림. 일반적으로 통조림은 제조일자의 기재 없이 유통기한만 표시되는 경우가 많습니다. 캔 뚜껑이 조금 안쪽으로 들어간 것을 고르는 것이 좋습니다. 뚜껑이 부풀어 오른 것, 손으로 눌러 쑥쑥 들어가는 것, 가장자리가 휘어져 있거나 녹슬어 있는 것은 피해야 합니다. 유통기한까지 기간은 크게 신경쓰지 않아도 됩니다.

통조림이 찌그러진 것은 OK!

고기나 생선을
대신할 수 있는 음식

볶아 먹으면 맛있는
스팸이나 소시지

콘비프

SPAM

바로 먹을 수 있는

참치캔, 고등어캔

콩자반

닭볶음

콩은 '밭의 쇠고기'라고 합니다

팥

콩

말린 두부도 단백질이 많아
고기 대신 좋습니다

말린
두부

맛있게
단백질
섭취

아이들에게 꼭 필요한 '단백질'. 물류 시스템이 마비되면 마트에서 신선식품이 사라집니다. 하지만 성장기 아이들에게는 단백질이 꼭 필요하지요. 그럴 때 역시 통조림이 유용합니다. 양념이 되어 있는 '닭볶음'이나 '소고기 장조림' 등은 밥을 지을 때 넣어도 되고, 채소와 볶아 반찬으로 하기도 합니다.

건조 대두는 보온병에
끓는 물과 함께 넣어두면
하룻밤 만에
삶은 콩이 됩니다

콩과
끓는 물을
넣으면 끝!

과일을
대신할 수 있는 음식

과일통조림은
그대로 맛있게 먹을 수 있습니다

스팸구이와
파인애플

마요네즈를 섞어
과일샐러드

통조림 과일을 얼리면
맛있는 아이스크림으로 변신

건과일은 시리얼이나
핫케이크 반죽에 섞을 수도

건포도

망고

상온 보존이 가능한 주스나
잼도 편리

사과

건포도나 블루베리와 같은 건과일에는 생과일과 비슷하거나 그 이상의 영양가가 있습니다. 운반이 편리하고 장기간 보존이 가능하다는 이점도 있어서 훌륭한 비상식량이 됩니다. 과일 통조림은 일상생활에서도 많이 이용됩니다. 단 건과일은 비타민C가 파괴되어 있기 때문에 다른 식품으로 보충해야 합니다.

냉동 과일도 있어요

블루베리

상온보존 가능한
가공우유 활용하기

탈지우유, 전지분유, 커피용 우유
우유를 대신하여
요리에 쓸 수 있어요

커피용 우유

탈지우유

일본에서 판매되는 '롱라이프 우유'는
상온보존 가능
보통 우유와 같은 형태

Long
Life
Milk

90일 상온 보존

무당연유
디저트를 만들 때 활용

푸딩을
만들거나

빵에 바르거나

연유

무당연유

상온보존 가능한 두유도 편리!
해외에서도 인기!

두유
豆

공장이 재해로 피해를 입거나 유통이
원활하지 않아 우유도 구하기 힘들어
집니다. 일본에서 판매되는 '롱라이프 우유'는 90일 동안 상온보존이 가
능하고 영양적으로도 보통 우유와 큰
차이가 없습니다. 아이가 있는 가정에
서는 비상식량으로 좋겠지요. 롱라이
프 우유는 가열살균과 무균충전 등의
공정이 다를 뿐으로 보존료가 첨가된
것은 아닙니다. 개봉 후에는 보통 우
유와 마찬가지로 냉장보존을 하고 빨
리 섭취해야 합니다.

아이용 분유도

쑥쑥
우유

채소는 말려서
보존해요

말린 채소를 만들어
남은 채소를 알뜰 사용

전통적인 말린 채소

말린 버섯

무말랭이

껍질째로 먹기 편한 크기로 잘라
건조되면 크기가
줄기 때문에
좀 크게

호박

가지

연근

당근

아스파라거스

바람이 잘 통하는 곳에서
햇볕에 말려
밤에는 정리

겹치지 않도록 널어준다

표면이 하얗게 되면
'반건조'

바짝 말리는 것이
'완전건조'

채소를 말리면 맛이 응축되고 조리시간이 단축됩니다. 반건조 채소는 물에 담그지 말고 볶음이나 국에 그대로 사용합니다. 냉장 상태로 보존해야 합니다. 완전건조 채소는 물에 불려서 사용하세요. 보존은 건조제와 함께 병 등에 넣어서 합니다. 곰팡이가 생기지 않게 주의합시다. 말린 채소는 살짝 볶아 먹는 것도 맛있습니다. 씹는 맛이 일품이지요!

수분이 많고
무르기 쉬운 채소는
말린 채소로
적당하지 않습니다

양상추

콩나물

우유를 요구르트로
만드는 방법

냉장고를 쓸 수 없을 때
유통기한이 짧은 식품부터
소비합시다

두부

다 마시지 못한 우유는
요구르트를
2스푼 정도 넣어

우유

플레인
요구르트

3번 정도 흔들어 섞으면
여름에는 1일(상온 기준),
겨울에는 5일 정도

맛있을
거야~

요구르트가 됩니다
완성되면
빨리 먹읍시다

응치면
요구르트 완성

우유

걸쭉~

우유가 썩기 전에 유산균으로 발효시켜 요구르트를 만들어 봅시다. 단 요구르트는 성분을 인위적으로 조정하지 않은 우유로만 가능합니다. 저지방 우유, 가공유 등은 야구르트를 만들 수 없습니다. 요구르트도 플레인 요구르트만 됩니다. 발효 시간은 방 온도나 계절에 따라 다르지만 마트에서 파는 플레인 요구르트 정도로 걸쭉해지면 완성된 것입니다. 깜빡해서 썩지 않게 매일 체크합시다!

잼과 과일 통조림을
이용한 간식으로

우유 대신
시리얼과 함께

빵 대신 먹을 수 있는
'가짜 빵'

핫케이크 믹스로 만들 수 있는 찐빵

핫케이크 믹스를
물이나 우유에 풀어
전기밥솥이나
전용용기에 넣어
전자레인지에

믹스 가루를 물로 반죽해
소고기장조림을 안에 넣어 찌면 소고기 찐빵

맛은 찐빵

귓불 정도의 감촉으로
주무른 반죽으로
장조림 속을 넣고
찐다

장조림
속

베이킹 소다나 베이킹 파우더와
밀가루로 만드는
발효가 필요 없는 소다빵

180℃로
20분

밀가루 100g,
베이킹파우더 1 작은술,
설탕 1 큰술,
요구르트 50cc

얼린 두부로
프렌치토스트를 하면
맛있습니다!

씹는 맛도 있어
좋습니다

계란, 우유, 설탕을
섞은 옷을 입혀
프라이팬에서 굽자

동일본 대지진 때, 수도권에서는 빵이 사라졌습니다. 유통 마비, 정전, 공장의 가동중지, 피해지역 우선 공급 같은 이유로 빵이 마트의 진열대에서 자취를 감춘 것이지요. 구하기 힘들수록 먹고 싶어지는 것은 왜일까요? 그럴 때에는 '가짜 빵'을 만들어 봅시다. 특히 소다빵은 이스트를 사용하지 않고 베이킹 소다로 부풀리는 빵. 반죽해 오븐에서 굽기만 하면 되는 간단한 빵입니다. 바삭바삭하기 때문에 아이들에게도 인기 만점!

바삭바삭 소다빵은
스프와도 어울리죠!

조상들의 지혜로운
발효식품을 이용합시다

세계 속의 발효식

피클

낫토

요구르트

어머니 손맛인 절임은 유산균으로 가득

오이장아찌

마늘장아찌

매실장아찌

절임은 몸에 좋은 균으로 보호

부패균

유산균 유산균 유산균

유산균 유산균

유산균 유산균

유산균 유산균

부패균

기본적으로 절임 채소는 부패 걱정이 없습니다

소금 절임

요구르트 절임

관리방법에 따라서는 상할 경우도 있습니다!

겨우 손에 넣은 귀중한 고기나 생선, 채소 등을 신선할 때 다 먹어버리면 음식재료가 금세 없어지지요. 음식재료를 발효시켜 보존식으로 만든다면 고기나 생선, 채소 같은 신선한 재료를 오랫동안 먹을 수 있을 뿐 아니라 몸에 필요한 효소나 좋은 세균을 섭취할 수 있습니다. 소금 절임, 된장 절임, 식초 절임, 누룩 절임 등 입맛에 맞는 발효 보존식 조리법을 익혀 둡시다.

평상시에도
만들어 봅시다

원기회복을 도와주는
된장의 힘

된장은 세계적으로 인정받는
발효조미료

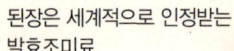

쌀된장

보리된장

콩된장

된장 절임을 하면 음식 보존 가능

설탕을 조금 넣은 된장에
고기나 생선을 절이면
맛있게 오래 보존

면을 넣어 끓이면 된장 칼국수

된장을 넣는
것만으로
깊은 맛이

계란이나
고기, 채소,
등이 있다면
같이 끓이자

역시 매일 반찬으로는
된장찌개나 된장국!

채소가 있다면
풍성한 된장찌개
완성!

다시마나 미역,
작은 새우

된장은 세계가 인정하는 곡물 발효식
품입니다. 영양가도 많지요. 된장 속
에는 열량을 만들어내는 데에 빠질
수 없는 비타민B1이 많이 함유되어
있어 원기회복에 좋습니다. 된장국은
커피나 홍차와 비교해서 심리안정 효
과가 있습니다. 상온보존이 가능한 된
장 여분을 항상 비축해 둡시다.

일본 고대에는
관리들의 월급으로
된장을 지급하기도!

절임을
활용한 메뉴

마트에서도 쉽게 볼 수 있는
상온보존 가능한 절임

마늘장아찌

갓장아찌

매실장아찌

단무지

평소에도 절임을 이용해
여러 가지 요리를 해봅시다

갓장아찌
볶음밥

만약의 경우에는 채소 대신으로도 좋습니다

기름을 두르고 볶아서
간장과 요리술로
간을 맞춘다

물에 담가
소금기를 빼고

단무지와 식초 등을 넣어
밥과 비벼 주먹밥을 만들면
식욕이 없을 때에도
맛있게 먹을 수 있다

깻잎과
깨를 섞어

얇게 썬 단무지

비상시에 부족한 것은 신선한 채소입니다. 보존할 수 있는 채소는 한정되어 있지만, 절임이라면 유통기한이 1년 정도 유지됩니다. 발효된 깊은 맛이 있기 때문에 그대로는 물론, 밥과 비비거나 볶아도 맛있습니다. 절임을 이용한 간편 요리를 평소에도 개발해보는 건 어떨까요? 비상시에는 평소와 다름없는 일품요리가 반가운 법입니다.

아~ 이 맛이야

물을 붓는 것만으로
완성되는 다랑어스프

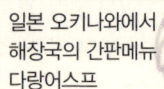

일본 오키나와에서
해장국의 간판메뉴
다랑어스프

소주를
너무
마셨어

된장 한 스푼
다랑어포를
충분히 넣고

끓는 물을 부어
잘 섞어주세요

생각보다 훨씬 깊은 맛!
전날 술을 마시지 않았어도
추천입니다

다랑어스프는 일본 오키나와의 전통
음식입니다. 다랑어스프는 컨디션이
안 좋을 때 먹는 보양식으로 알려져
있습니다. 푸짐하게 넣은 다랑어포에
는 맛을 내는 이노신산은 물론 훌륭
한 단백질, 칼슘도 많이 포함되어 있
습니다. 영양만점 다랑어스프를 메뉴
에 추가하는 것만으로도 영양 밸런스
를 맞출 수 있습니다. 또한 끓는 물 대
신 녹차를 부으면 비타민C까지 섭취
할 수 있습니다.

일본 가고시마에도
된장과 다랑어포에
녹차를 붓는
음식이 있습니다

138

끓는 물을 부어
간단히 만드는 스프

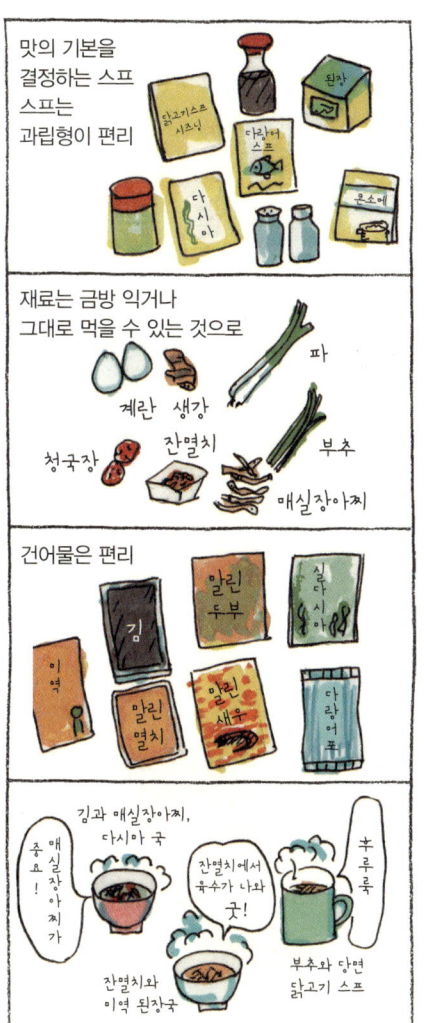

맛의 기본을
결정하는 스프
스프는
과립형이 편리

닭고기스프 시즈닝
된장
다랑어 스프
다시마
콘소메

재료는 금방 익거나
그대로 먹을 수 있는 것으로

계란 생강 파
청국장 잔멸치 부추
매실장아찌

건어물은 편리

김 말린 두부 실다시마
이역 말린 멸치 말린 새우 다랑어 포

중요! 매실장아찌가
김과 매실장아찌,
다시마 국
잔멸치에서 육수가 나와 굿!
부루룩
잔멸치와 이역 된장국
부추와 당면 닭고기 스프

집에서 만들어 먹는 즉석국은 끓는 물만 있으면 준비 끝! 된장과 각종 육수 조미료를 뜨거운 물로 풀어주면 된장국이 완성됩니다. 된장에는 피로 해소에 도움이 되는 영양소가 가득합니다. 여러 재료를 넣는 것만으로 한식, 일식, 양식 스프 등 다양한 국가의 스프가 만들어집니다. 육수가 나오는 재료라면 조미료는 소금만 쓰더라도 맛있는 스프가 됩니다. 집에 있는 재료로 만들어 봅시다.

스프를 먹으면 왠지 기분이 안정됩니다

라이스페이퍼로 만드는
즉석밥

라이스페이퍼는
물에 불리는 것만으로
먹을 수 있어요

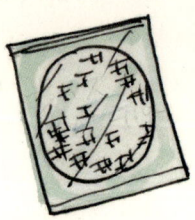

삶을 필요가 없기에
스프에 그대로 넣기도

춘권 같아!

잘게 잘라 프라이팬에 튀기면
간식으로도 안성맞춤

소금을
솔솔

과자 같아

삶아서 얼음물로 헹군 후
엿이나 꿀, 콩가루를
뿌려주면

맛있어요~

고소한 맛이 일품!

라이스페이퍼(월남쌈 피)는 쌀을 종이처럼 얇게 가공하여 건조시킨 식재료입니다. 미지근한 물에 담가두면 원래대로 돌아와 먹을 수 있기 때문에 좋아하는 재료를 싸서 먹으면 여러 메뉴가 가능하지요. 한국, 서양, 중국, 일본 등 다양한 국가의 여러 재료, 소스와도 궁합이 잘 맞습니다. 식사 메뉴뿐 아니라 바나나, 딸기, 팥소 등을 싸서 먹으면 간식으로도 좋습니다.

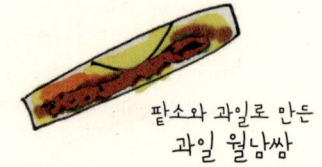

팥소와 과일로 만든
과일 월남쌈

오징어포를
활용하자

고추장에 오징어포를 무치고 깨를 뿌려주면
술안주로도 좋은 오징어포 무침

매콤한 맛!

잘게 찢은 오징어포를 넣어 밥을 지으면
오징어 영양밥

오징어포, 표고버섯,
당근 등
각종 재료를 넣어

오징어포로 튀김을 하면
오징어튀김

맥주가
생각나네

채소와 무쳐도
국거리로도

고기 대신 사용해도
좋아요

여러 반찬과 안주로 쓰이는 오징어포. 오징어포야말로 맛의 결정체! 맛있는 오정어가 원료이기 때문에 평소의 식재료로서도 손색이 없습니다. 오징어포만으로도 맛있는 육수를 만들 수 있고, 물에 끓이면 생 오징어로 돌아간 듯한 식감이 됩니다. 마른 오징어로 좋은 육수를 만들 수 있으므로, 영양밥 재료로도 안성맞춤입니다. 참고로 오징어는 저지방으로, 단백질과 칼슘도 풍부합니다.

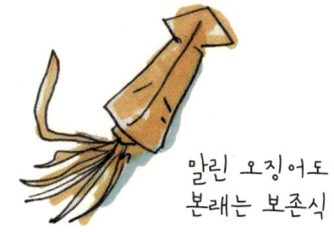

말린 오징어도
본래는 보존식

냉장고 재료로 만드는
일본식 핫도그

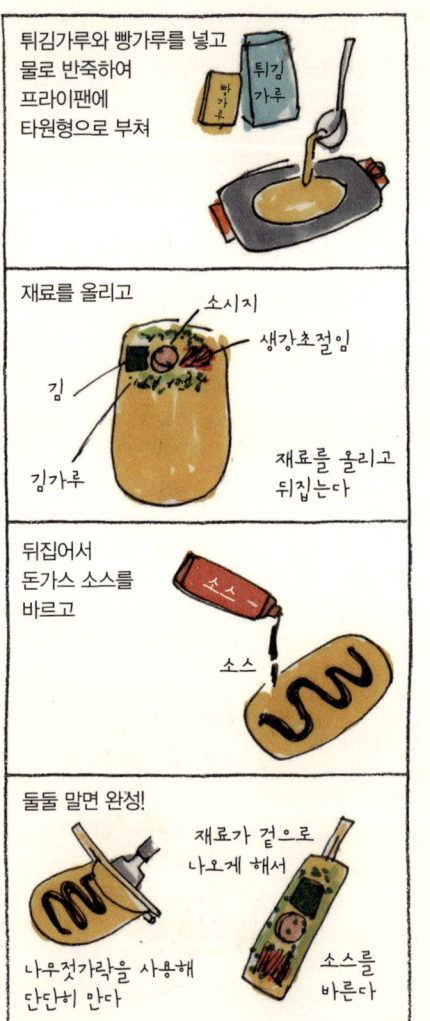

튀김가루와 빵가루를 넣고
물로 반죽하여
프라이팬에
타원형으로 부쳐

튀김가루
빵가루

재료를 올리고

소시지

생강초절임

김

김가루

재료를 올리고
뒤집는다

뒤집어서
돈가스 소스를
바르고

소스

소스

둘둘 말면 완성!

재료가 겉으로
나오게 해서

나무젓가락을 사용해
단단히 만다

소스를
바른다

일본식 핫도그는 근대 이전부터 일본의 지방에서 전해 내려오는 아이들의 간식입니다. 언뜻 보면 재료를 별로 안 쓴 부침개처럼 보이지만, 쫄깃쫄깃한 맛이 일품으로 싸고, 맛있고, 포만감도 있습니다. 최근에는 치즈를 넣거나 마요네즈를 뿌리고, 카레 분말을 넣고 피자맛을 내는 등 여러 맛을 시도하며 진화하고 있습니다.

삶지 않고
콩을 불리는 방법

보통은 하루 정도 물에
담가둔 콩에 조미료를 넣고
2시간 정도 삶습니다

부탄가스가
2, 3개는
필요해요

따뜻한 물로 덥혀둔 보온병에
콩을 넣고 끓는 물을 부은 후
하룻밤 그대로 방치

주방장갑으로
보온

다음날, 콩이 삶은 듯
잘 불었어요~
콩을 담가두었던
물은 버릴 것

아직 좀 딱딱한 듯하면
5분 정도 냄비에 삶아
보온병에 옮겨
몇 시간 정도 방치

입구가 넓은 큰 보온병은 마른 콩을
불리는 데 편리합니다. 미리 끓는 물
로 보온병을 충분히 덥혀둔 후에 콩
을 넣고 새로 끓는 물을 부으면 됩니
다. 마른 콩은 훌륭한 장기보존 곡물
이지만, 깜빡 잊고 보온병에 계속 넣
어두면 상할 수 있으므로 주의합시다.

불린 콩은
카레밥이나
밥 지을 때 재료로

우우~

콩 카레

건빵은 따뜻한 물이나
우유와 함께

건빵의 기원은 군대의 휴대식량

썩거나
얼지 않는 빵

장기보존용이기 때문에 거의 수분이 없어요

유럽에서는
스프와 함께
먹는다

질리지 않도록
싱겁게

건빵만 먹기 위해서는
수분이 필요!
침이 쉽게 분비되도록
별사탕이 들어 있기도 해요

건빵

그대로 먹기에는 편리하지만

3일 연속
먹었더니
질렸어~

점심

아침

저녁

5년 동안 상하지 않는 건빵은 대피소 비상식량의 대표입니다. 1봉지(1캔)가 한 끼 정도입니다. 요즘 건빵은 예전처럼 딱딱하지도 않고 향기로워 먹기 쉬워졌지만, 이가 약한 노인들이 먹기에는 불편합니다. 건빵을 비닐봉지채로 부수어 뜨거운 물이나 따뜻한 우유에 넣어 드리면 노인이나 어린 아이들도 먹기 쉽습니다.

고맙지만
딱딱해서
씹을 수가
없어…

건빵을 이용한
참신한 레시피

공공시설의 비축식량이라면 단연 건빵이 먼저 떠오릅니다. 비축품 교환을 위해 유통기한 직전의 건빵을 받을 때도 있습니다. 맛이 심심한 건빵은 잘게 부수어 빵가루 대신으로 쓴든지 버터와 섞어 치즈케이크를 만들 때 밑 부분에 넣으면 좋습니다.

입맛이 당기지 않는 건빵을 맛있게 먹기 위해서는

칼슘 포함

통조림은 5년 보존

소화흡수가 좋다

건빵

잼, 초코, 팥소를 넣어서 스위트 건빵, 건빵샌드

햄말이

초코샌드

치즈샌드

튀기면 바삭바삭한 건빵 크루통

그대로 기름에 튀긴다

따뜻한 우유에 담가 빵 죽으로도 맛있게

봉지에 넣어 부순 다음

조린다

옛날과 비교하면 정말 맛있어졌네!

바삭바삭

군인들의 전투식량은
곧 비상식량!

전투식량은
유사시에 주로 군인을 위한
즉석식품

전투식량은
종류도 가지가지

발열제 포함

일본식 전투식량 밥 캔

영양밥

소시지

기내식 같은
세트가 들어 있는
서양식 전투식량

각국의 전투식량을
인터넷에서 살 수 있어요

발열제가 같이 있어
언제 어디서나
따뜻하게
먹을 수 있다

전투식량 A형

유통기한 3년

궁극의 전투식량도 있습니다
음료수와 크래커, 담요 세트

5년 보존
가능한
서바이벌 식량

생명의 상자

1인용 3일분

유사시 군인들의 배를 책임지는 것이 바로 전투식량입니다. 보존기간이 길기 때문에 방재용품으로 이용하는 사람들도 많습니다. 요즘에는 인터넷에서 손쉽게 구할 수 있습니다. 그 중에는 강력한 발열제가 들어 있어 1컵 정도의 물만 있으면 뜨거운 밥을 먹을 수 있습니다. 불을 사용하지 않고 따뜻한 식사를 할 수 있다는 것은 재해 속에서 누리는 소소한 행복입니다.

진수성찬?

미국 병사의
전투식량

인스턴트
커피 분말주스

스프

타바스코

치즈

각종 소스

미트로프 크래커
빵

채소와 과일을 구할 수 없을 때
비타민C 섭취법

감자, 고구마 등의 비타민C는
열에 강합니다

찐 감자, 찐 고구마

주스나 소프트드링크에
첨가되는 경우도

원재료 및
성분을 체크!

녹차는
비타민C 국가대표

녹차는
탄닌 성분이

녹차

비타민C를
열로부터
보호한다

의외로 구운 김에 비타민C가 풍부하다

김국

김무침

1년분의 식재료를 남극으로 가지고 가서 고립된 생활을 하는 남극관측대. 그들은 부족한 비타민C를 영양제로 보충하고 있습니다. 동일본 대지진 때에는 비타민 부족과 피로가 겹쳐 면역력 저하가 일어나 구내염, 감염증 등의 증상을 호소하는 사람이 많았습니다. 평상시에 먹는 과자 중에도 비타민이 포함된 것이 있으니, 구비해두면 좋겠지요.

비타민C가 포함된
음료수

비타민
C

비타민
드링크

양이 풍부한 콩가루로
칼슘을 섭취하세요

삶은 파스타에 콩가루를 뿌린
콩가루 마카로니는 일본 유치원의 인기 메뉴

우유와 섞어
칼슘 UP!

콩가루
우유

운동선수의
보조식

시판되는 빵을 튀겨서
콩가루를 묻히면
색다른 맛을
느낄 수 있습니다

좋아 좋아~

각종 나물에도 깨 대신 뿌려주면
콩가루 무침 완성!

콩가루,
설탕, 간장

콩가루와
시금치나물

대두를 볶아 껍질을 벗기고 빻은 콩가루. 많은 단백질, 칼슘, 섬유질이 포함되어 있습니다. 가루 형태는 소화를 돕고 대두의 영양소를 효과적으로 섭취할 수 있게끔 도움을 줍니다. 그대로 먹을 수도 있어 비축식품으로도 훌륭합니다(콩가루처럼 분말로 되어 있고 보존성도 좋은 미숫가루도 있습니다). 잘 활용해 보도록 하세요!

콩가루나 미숫가루를 이용한
맛있는 인절미

배급받은 도시락을
따뜻한 즉석밥으로!

배급받은 삼각김밥, 도시락
식빵

식빵   도시락   삼각김밥

프라이팬으로 굽는 것만으로도
맛이 좋아져요!

반복 사용 가능   종이 포일

삼각김밥에 뜨거운 물을
부어 먹으면 이색적인 맛
뜨거운 물

저는 녹차를
부어 먹어요

녹차

식빵에 남은 반찬을 놓아 구워도 맛있어요
땡!   감자샐러드
오븐토스터를
활용   남은
도시락
반찬
카레

따뜻한 식사를 하면 누구라도 힘이 나기 마련입니다. 처음에는 자택 대피자에게는 배급이 없겠지만, 급한 상황이 정리가 되면 정부와 자원봉사단체에서 배급을 하기도 합니다. 배급되는 식사는 어쩔 수 없이 같은 식단이 계속되기 쉽지요. 이때 부탄가스나 비교적 일찍 복구되는 전기를 이용하여 덥히고, 아이디어를 가미해 맛있게 먹읍시다.

미역, 달걀, 참기름 등을 넣고
배급되는 삼각김밥으로
볶음밥을 해보았습니다

우리 집의 인기 메뉴를
상비해 두자

유사시에도 평상시에도
인기 넘버 1

바몬드 카레

카레

유통기한 1년

언제나 쉽게 구할 수 있는 인기 메뉴

콘스프

마카로니
그라탱

콘플레이크

유통기한 1~2년

스파게티소스는
만능 아이템
스프를 만들거나
감자를 볶거나

치즈
크림

미트 소스

바질
소스

유통기한 1년

식욕이 없을 때에도
과일통조림은
입맛을 돋운다

귤

복숭아

배

유통기한 2~3년

비상시에도 평상시 식사를 먹을 수
있도록 합시다. 사실 평상시의 인기
메뉴이면서 동시에 장기보존이 가능
한 음식들은 많이 있습니다. 유통기한
은 상품에 따라 다르기 때문에 확인
한 후에 메뉴를 바꾸도록 합시다. 가
족의 입맛에 익숙한 재료들을 이용하
는 것이 좋습니다.

해초 맛가루

맛가루는
편리

유통기한 1년

파스타 소스를
대신할 수 있는 재료

컵스프 가루를 1/3 정도의 뜨거운 물에 잘 섞어

삶은 스파게티와 잘 비비면
크림스파게티 완성

소금, 후추

고추참치, 고추기름, 우동 스프
모두 파스타와 잘 어울려요

의외로 돈가스 소스가
맛있습니다

맛있어요~

예전에 캐나다 친구가 통조림 스프를
파스타 소스로 사용하더군요. 이후 컵
스프 분말을, 뜨거운 물에 풀어서 파
스타 소스로 해보면 어떨까라는 생각
에 도전해봤더니, 생각보다 맛이 괜찮
았습니다. 소금과 후추를 뿌리자 더욱
맛이 있었지요. 부족한 메뉴와 재료를
극복하기 위해 새로운 아이디어를 생
각해봅시다.

마늘 파우더와
소금, 후추만으로 만드는
간단 파스타

조상대대로 전해져온 간식,
볶은 콩

대두는 예로부터 보존식품으로
단백질이 많아 아이들에게
먹이고 싶은 곡물

대두를 씻어 뚜껑이 있는
프라이팬에 넣고 약한 불로
수증기가 날 때마다
프라이팬을
흔들어 주자

김이 나오지 않으면
뚜껑을 열고 흔들면서 볶아주세요
표면이 갈라지고
구수한 냄새가
나기 시작하면

채반에 건져놓으세요
식으면 바삭해집니다

구수한 냄새~

바삭바삭하고 장기보존이 가능한 건
조 대두를 사용해 구수한 간식을 만
듭시다. 준비물은 프라이팬이나 전자
레인지면 충분합니다. 가장 중요한 것
은 불 조절입니다. 약한 불로 정성껏
볶아주세요. 성장기 어린이들에게는
간식 하나라도 제대로 된 단백질을
먹이고 싶은 것이 부모 마음입니다.

전자레인지로도
할 수 있습니다

땡!

랩을 씌우지 말고
중간 중간에
저어가면서 가열합니다

여러 가지 맛의
핫도그 만들기

핫케이크 믹스로 핫도그를 만들자
계란과 우유가 없다면 물로 반죽해도 좋아요

재료는 소시지나 비엔나소시지, 아니면
집에 있는 어떤 재료도 좋습니다

어묵

비엔나소시지

소시지

전자레인지로 살짝 익힌 감자

되게 한 반죽을 잘 묻혀서 튀깁니다!

갈색이 되도록
튀기자

종이컵을 활용!

강력 추천하는 재료는 바나나!

앗
뜨거!

동네
분식집
느낌!

겉은 바삭
안은 말랑

계란과 우유가 없어도 괜찮습니다. 핫케이크 믹스는 간이 되어 있기 때문에 맛이 괜찮고 간편하게 만들 수 있습니다. 아이들은 물론 어른에게도 인기 만점인 핫도그는 영양가 높은 간식입니다. 한입 크기로 자른 재료를 이쑤시개로 꽂아 여러 종류를 만들어 봅시다. 속에 넣을 재료가 없다면 그냥 튀겨서 도넛을 만들어 먹어도 맛있습니다.

재료는 달라도
튀겨 놓으면
다 똑같은 모양

식이섬유로
변비 예방을!

도시락, 삼각김밥, 빵 위주로 배급이 되기 때문에 식이섬유가 부족해지기 쉽습니다. 임시화장실에서는 불안한 마음에 잘 나오지도 않습니다. 변의 양을 늘려주는 고구마, 콩, 해조류 같은 비상식량을 적극적으로 활용합시다. 신선한 채소를 구하기 어려울 때에는 말린 채소도 효과적입니다. 무말랭이, 마른미역 등은 물에 불려서 바로 먹을 수 있습니다. 참기름이나 올리브오일을 1스푼 마시는 것도 효과 만점!

배앓이를 하고 있을 때
대처법

원인은 스트레스, 수면부족,
소화불량, 식중독
감기 등의 바이러스,
약 부작용, 차가운 배

급하다
급해!

설사를 억지로
멈추려고 하지 말고
식사를 잠시 멈추고

따뜻한 물을 넣은
페트병으로
배를 따뜻하게
합니다

수분은 충분히 보충해주세요
상온이나 따뜻하게 해서 마셔요

물 이온음료 보리차

식사는 소화가 잘되는 죽
천천히 씹고
식사 횟수를 늘릴 것

설사를 할 때는 단식으로 위장을 쉬게 할 필요가 있습니다. 물도 벌컥벌컥 마시지 말고 조금씩 자주 마십시다. 가능하다면 2배 정도로 희석시킨 옅은 이온음료로 수분을 보충하는 것도 좋습니다. 물에 소금과 설탕을 조금 넣어 이온음료를 대신할 수 있습니다.

긴급할 때에는
쓰레기통이나 양동이를 이용한
휴대용 화장실 이용도

침대커버나 이불보를
고무줄로 꿰매서
가림막으로 사용

임산부는 영양 균형과 염분에 주의하세요

임산부에게는

칼슘과

철분이 필요합니다!
프룬(건자두)
건포도
목이버섯
얼린두부
장조림
톳

변비도 주의하면서
미역
무말랭이
콩

임산부, 수유중인 엄마, 유아는 청결, 보온, 영양과 같은 건강에 대한 배려가 필요합니다. 영양을 배려한 식재료를 비축합시다. 또한 짧은 시간이라도 수유를 위한 개인적인 공간을 확보하고 이야기를 나누며 스킨십을 할 만한 공간이 필요합니다. 이러한 공간을 확보하기 위해서도 주위의 배려가 절실합니다. 보건의사와 적극적으로 이야기를 나누고 정보를 공유해야 합니다.

스트레스로 모유가 나오지 않는 경우도 있기 때문에 분유를 준비해두도록 합시다. 남는다면 물론 어른이 먹어도 좋아요

분유

지병이 있는 사람은 자신을 위한 식사를 준비해두자

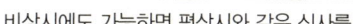
비상시에도 가능하면 평상시와 같은 식사를

평상시의 식사

평상시의 식사와
비슷한 내용이 중요

자신의 지병에 적합한 식품을 비축하자

비상용 가방에는
처방전 사본과
보험증 사본을
넣어두자

보험증 사본

처방전 사본

만성질환 중에는 지속적인 치료가 필요한 경우도 있습니다. 가능한 한 재빨리 의료기관에서 진료를 받아야 합니다. 투석을 받을 수 있는 의료기관의 정보는 건강보험심사평가원(www.hira.or.kr/rd/hosp/getHospList.do)을 통해 미리 확인할 필요도 있습니다. 인슐린 등과 같이 일상적으로 필요한 약도 재해 시에는 구하기 어려울 수 있으므로 의사와 미리 상담을 해두기 바랍니다.

알레르기가 있는 사람도
잊지 말 것!

◇◇◇◇◇◇◇◇◇◇◇◇◇◇◇

재해 발생 1일째 :

발생 당일에는 불을 사용하지 않는 식사

냉장고 안의 식품을 아깝게 버리지 않도록 주의해야 합니다. 물도, 불도, 식기도 안 쓰면서 먹을 수 있는 음식은 의외로 많습니다. 냉장고에서 금방 상할 것 같은 음식은 바로 소비하도록 합시다. 과자라 할지라도 공복을 달랠 수 있습니다. 또한 재해가 발생한 당일에는 긴장 상태가 되어 식욕이 없을 수도 있습니다. 이때에는 무리해서 먹을 필요는 없지만, 물만은 잊지 말고 보충해야 합니다.

재해 발생 2일째 :

수제비와 철판볶음

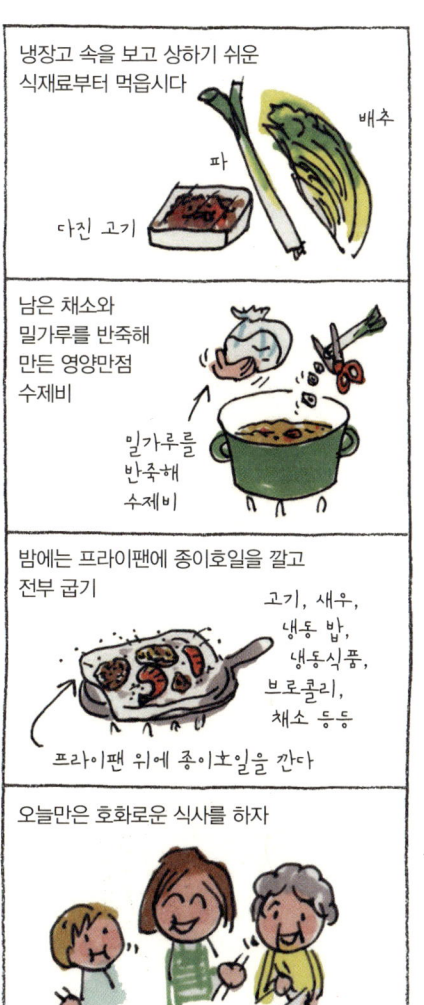

냉장고 속을 보고 상하기 쉬운
식재료부터 먹읍시다

배추

파

다진 고기

남은 채소와
밀가루를 반죽해
만든 영양만점
수제비

밀가루를
반죽해
수제비

밤에는 프라이팬에 종이호일을 깔고
전부 굽기

고기, 새우,
냉동 밥,
냉동식품,
브로콜리,
채소 등등

프라이팬 위에 종이호일을 깐다

오늘만은 호화로운 식사를 하자

냉장고 속 재료의 소비 순서를 정합
니다. 아이스박스처럼 쓰고 있는 냉장
고에도 한도가 있습니다. 계절에 따라
서는 순식간에 상해버리기 때문에 냉
동식품, 신선식품 등은 익혀서 먹도록
합시다. 또한 평소에도 상온 보관이
가능한 감자, 양파, 호박, 마늘, 당근,
우엉 등을 많이 저장해 두는 것이 좋
습니다.

기념일에 먹으려고
아껴두던 고급 소고기도
한입에~

재해 발생 3일째 :
참치 카레

상온보존 식품을 사용해 식사 만들기 시작! 냉장고의 신선식품, 냉동식품은 3일째부터 없어질 것입니다. 상온보존 식품을 사용해 균형 잡힌 식사를 만듭니다. 카레는 맛도 영양도 뛰어납니다. 설거지거리를 최소화하기 위해 남은 카레에 면 등을 넣어 깨끗하게 먹읍시다. 재료는 참치통조림이나 스팸, 연어통조림, 고등어통조림 등 무엇이든 좋습니다.

밥솥이 없다면 냄비에 밥을 짓자

끓으면
젓가락으로
저어주고
중불로 15분

밥의 반은
비상용 삼각김밥으로

랩으로 싸서 그대로 보관

나도
할 수 있다

만들 때도
랩 위에서

남은 채소와 참치통조림으로 참치 카레.
얇게 썬 채소를 넣고 마지막으로 참치를

저녁에는
카레 냄비에
물을 더 붓고
라면을 넣어
카레 면으로

라면
스프

라면

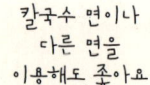

칼국수 면이나
다른 면을
이용해도 좋아요

칼국수

쫄면

면에 따라 맛도
가지가지

말린 재료를 이용한 전통 반찬

무말랭이, 얼린 두부, 미역무침, 된장국

접시에 랩을 씌워두자

하나하나가 모두 맛있습니다

이런 밥을 먹고 싶었어

단무지

오이짠지

된장국, 찌개에 밥을 넣고 볶음밥. 삶은 계란과 참치샐러드

식사 후에는 녹차를. 비타민C가 풍부한 녹차로 입안도 상쾌하게

전통 식재료로 식사를 하자! 무말랭이는 철분도 많고, 물에 불리는 것만으로 바로 조리할 수 있습니다. 얼린 두부는 고기대용으로 쓸 수 있고 단백질과 칼슘이 풍부합니다. 된장은 세계가 인정한 발효식품으로 원기회복 효과도 있지요. 녹차는 비타민C 외에 항균작용을 하는 카테킨도 많이 포함되어 있어 감기 예방에도 효과적입니다.

오이짠지

단무지

상온보존이 가능한 절임음식

카우보이 토마토스튜

서부극에서 볼 수 있는
카우보이들의 식사
왠지 정말 맛있어 보여요

주석으로 만든 컵에
덜어 먹는다

육포와 콩 통조림,
양파와 토마토스튜

막연히
서부의
향기가

콩

토마토

마늘

저녁은 물을 더 넣고
파스타(건면)를 이용해
스프 파스타로
간은 콩소메로

물을 붓고
끓기 시작하면
파스타를 투하

남편은 맥주와 통조림, 크래커
살아남은 행복에 건배!

BEER

육포로 육수를 만들 수 있습니다. 리코펜이 풍부한 토마토 통조림에는 작은 토마토가 4개 정도 들어 있고, 콩은 단백질 덩어리. 소화가 잘되는 스튜를 만들어 먹읍시다. 아침, 저녁으로 마늘을 넣거나, 카레 맛으로 하거나 맛을 바꾸어 식욕이 떨어지지 않도록 합시다. 육포 대신 스팸이나 비엔나소시지로 해도 맛있습니다.

살아 있어 다행이야~

162

재해 발생 6일째 :
즉석 김밥과 소다 빵

가장 먼저 복구되는 전기
조리 가능한
기구가 늘어나지요

밥을 지을 수 있어

즉석김밥 재료는 참치, 김치, 단무지, 장조림
소시지, 어묵…

마요네즈에
버무려서

김치

참치

단무지

장조림

인스턴트 국

실다시마

잔멸치

작은 새우

다시마

간장

저녁은 무당연유와
조개를 이용해 크림스튜

식초를 이용해 식욕을 돋웁시다. 식사는 가장 큰 즐거움. 내일의 활력을 위해 맛있고 즐겁게 먹을 수 있도록 합시다. 식초와 설탕으로 간을 하거나 마트에서 맛가루를 사서 밥을 만들어 각종 재료와 함께 김밥을 만들어 먹읍시다. 단백질이 될 만한 통조림을 하나 고르고 채소주스를 더하면 균형 잡힌 식사가 됩니다. 저녁 식사는 양식. 빵 대신 발효가 필요 없는 소다 빵으로.

김치와 소시지를 넣고
둘둘 만 김밥

재해 발생 7일째 :

핫플레이트로 철판구이

설탕을 뿌리고,
소스, 된장, 간장을 이용
김, 다랑어포를 뿌리기도

내가 할게~

소시지도 볶아 단백질을 섭취
감자는 비타민C가 풍부

얇게 썰어 굽자

저녁은 밥, 고등어 통조림 조림, 김치, 국

김치

고등어조림

밥

달짝지근한 음식이 생각나는 이맘 때
간식은 마카로니 버섯볶음

삶아서
버섯을 섞자

창작 메뉴 철판구이 파티를 열어볼까요? 밀가루를 물에 풀어서 크레이프처럼 굽습니다. 크레이프에는 잼이나 고추장을 바르면서 요리를 즐깁시다. 감자는 플레이트 위에서 직접 썰어서 구우면 물로 씻지 않은 만큼 쫄깃쫄깃한 식감이 살아납니다. 소금과 후추를 뿌려 맛있게 먹읍시다.

김, 오징어포, 과자 구이

재해 발생 8일째 :

응답하라 메뉴

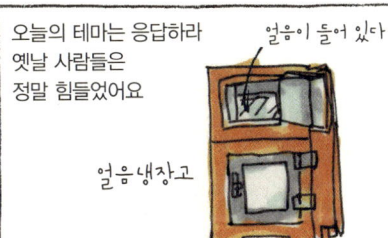

오늘의 테마는 응답하라
옛날 사람들은
정말 힘들었어요

얼음이 들어 있다

얼음냉장고

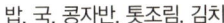

밥, 국, 콩자반, 톳조림, 김치

분위기도
그때처럼
밥상에 앉아

저녁은 톳을 밥과 비벼 재활용
찐 고구마, 된장국

고구마

톳 비빔밥

무말랭이 된장국

간식은 전자레인지로 덥힌 떡과 팥소로 팥떡을

말랑말랑한 떡

가래떡을
물에 넣어
전자레인지에

팥

냉장고가 없던 시대로 시간여행을 떠나봅시다. 냉장고가 없던 시절, 고기나 생선은 특별한 음식이었습니다. 할아버지 할머니가 젊으셨을 대는 어땠을까 상상해보세요. 생각보다 매우 건강한 식생활이지 않나요?

보리밥에 무김치

재해 발생 9일째 :

오늘은 미국식

오늘의 요리는 간편한 미국식

핫케이크, 스팸을 굽고 감자는 접시 위에서
슬라이스

원더풀

감자　　　　　스팸

저녁식사는 케첩라이스와
화이트소스 라이스그라탱

화이트
소스

미트소스를
밥과 비벼도

오븐으로
바삭하게

디저트는 믹스 과일 통조림

레몬과즙을 뿌려
상쾌하게

레몬과즙

믹스
과일

계란과 우유가 없어도 핫케이크믹스
와 물만으로 핫케이크를 만들었습니
다. 쫀득한 맛의 핫케이크는 코코아와
녹차분말을 섞거나 해서 여러 맛을
냅니다. 감자는 접시에서 직접 자르고
스팸은 각자 좋아하는 두께로 자릅니
다. 저녁은 미트소스와 케첩으로 맛을
낸 찬밥에 화이트소스 통조림, 치즈
분말, 빵가루 등을 얹어 구운 라이스
그라탱으로!

스팸을
핫케이크로 감싼
햄버거!

재해 발생 10일째 :
중국집 메뉴

오늘의 요리는 중국식

니하오!

얼린 두부를 뜨거운 물로 녹여 만든
마파두부, 계란국에 당면!

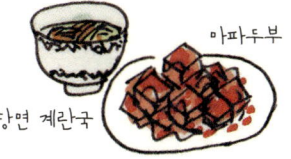

마파두부

당면 계란국

저녁은 찹쌀로 대나무잎밥

재료가 가득

여유가 있다면
대나무잎으로
싸서 찌자

닭고기 통조림, 말린 표고버섯,
말린 새우, 관자
굴소스, 참기름, 간장으로
간을 맞추어 주면
중국식 영양밥 완성

맛있는 냄새~

일본에서 흔히 볼 수 있는 중화요리 식재료를 활용합니다. 중국식 영양밥은 반찬이 필요 없고 먹기 간편합니다. 시중에 판매되는 중화요리 소스에 당면이나 쌀국수를 넣어 맛에 변화를 줍시다. 두부 대신에 얼린 두부, 유부를 사용하고, 찹쌀이 없다면 떡을 잘게 썰어 밥과 같이 하면 찹쌀과 같은 느낌이 납니다.

바닐라
아이스

디저트는
시원한 아이스크림

재해 발생 11일째 :

슬슬 피로가 몰려올 때 이탈리안 스타일

이탈리아의 아침은
카푸치노

핫케이크 믹스와
말린 과일을
이용한 찐빵

파네토네?

저녁은 스파게티와
좋아하는 소스를
이용한 콘샐러드

바질
소스

치즈크림

미트소스

간식은 잼 크래커

건빵에
잼을 발라도 맛있다

살구잼

좋아하는 파스타 소스로 익숙한 음식을 먹으면 안심이 되지 않나요? 종이 호일을 종이상자 모양으로 접어 찐빵 반죽을 넣어 찝니다. 스파게티는 전용 용기를 사용하면 전자레인지로도 삶을 수 있습니다. 파스타 전용 용기를 사용하면 물도 절약할 수 있어요. 즉석 소스는 가족들이 좋아하는 맛을 구비해 놓으면 편리합니다. 피로가 쌓였을 때 기분 전환을 위해서라도 간편하고 맛있는 식사를!

스프 통조림은
그대로 파스타 소스로도
사용 가능

토마토
스프

재해 발생 12일째 :
모두가 좋아하는 비빔덮밥

통조림을 베이스로 비빔덮밥에 도전해보자. 양념이 되어 있는 고추참치, 야채참치, 짜장참치, 쇠고기장조림, 불닭 등 좋아하는 통조림을 이용해 비빔덮밥을 만들 수 있습니다. 보존하는 비상식량을 정기적으로 교환하기 위해서도 '방재의 날'을 지정하여 비상식량을 소비합시다. 말린 식품 및 떡도 같은 요령으로 소비하도록 합시다.

양파를 얇게 썰고 그 위에
고추(야채)참치 통조림

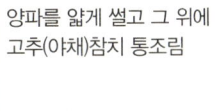

따뜻한 밥 위에 얹으면 끝!

무말랭이를 이용한 시원한 된장국
미역 샐러드

작은 새우로
시원한 국물 내기

물에 불린 후
드레싱

떡을 튀겨 꿀을 찍어 먹자

꿀이 없으면
물엿으로

전자레인지로
살짝 덥혀서
말랑말랑한 상태에서
튀기면 좋다

간식은 상온보존이 가능한
과일 젤리로

복숭아 젤리

귤

타이카레

본고장의 맛을 즐기는
타이카레

일본을 통해 배우는 재난안전 매뉴얼 만화

재난에서 살아남기

**언제 닥쳐올지 모르는 재난에 대비해
나와 가족을 지키는 180가지 방법**

이 책은 1995년 1월 17일의 한신·아와지 대지진과 2011년 3월 11일의 동일본 대지진을 경험한 저자가 피해자 입장에서 생활 속의 재난안전 대책을 4컷짜리 만화로 쉽게 풀어내고 있다. 지진, 화재, 방사능오염, 정전, 산사태 등 각종 재해와 기타 응급상황에 닥쳤을 때 바로 실행으로 옮길 수 있는 180가지 행동요령이 일목요연하게 정리되어 있다. 이 세상에 완벽한 재난안전 매뉴얼은 존재하지 않지만 그에 대한 지식이 있는 것과 없는 것은 큰 차이가 있다. 이 책으로 재난안전에 무감각한 우리들이 위기상황에서 슬기롭게 대처하길 바란다.

구사노 가오루 지음 | **와타나베 미노루** 감수 | **김계자·최종길·편용우** 옮김 | **216쪽** | **14,000원**

고려대학교 글로벌일본연구원 현대일본총서 18

엄마와 아이가 함께 보는 안전 매뉴얼 만화

재난에서 살아남기 2

초판 1쇄 펴낸날 2016년 8월 31일

글·그림 구사노 가오루
감수 기하라 미노루
옮긴이 김영근·편용우
펴낸이 이상규
펴낸곳 이상미디어
편집인 김훈태
디자인 오은영
마케팅 김선곤
등록번호 209-06-98501
주소 서울 성북구 정릉동 667-1 4층
전화 02-913-8888
팩스 02-913-7711
이메일 leesangbooks@gmail.com

ISBN 979-11-5893-023-3 13590

• 이 저서는 2007년 정부(교육과학기술부)의 재원으로
  한국연구재단의 지원을 받아 수행된 연구임(NRF-2007-362-A00019)